Excel 2019

从入门到精通

移动学习版

史卫亚 侯惠芳 陈亮 编著

人民邮电出版社

北京

图书在版编目（CIP）数据

Excel 2019从入门到精通：移动学习版 / 史卫亚，侯惠芳，陈亮编著. -- 北京：人民邮电出版社，2019.7
ISBN 978-7-115-51031-0

Ⅰ. ①E… Ⅱ. ①史… ②侯… ③陈… Ⅲ. ①表处理软件 Ⅳ. ①TP391.13

中国版本图书馆CIP数据核字(2019)第069101号

内 容 提 要

　　本书以案例教学的方式为读者系统地介绍了 Excel 2019 的相关知识和应用技巧。

　　全书共 16 章。第 1～2 章主要介绍 Excel 2019 的基本操作以及输入和编辑数据的方法等；第 3～5 章主要介绍 Excel 表格的制作方法，包括工作表的修饰、使用插图和艺术字、图表的应用与美化等；第 6～10 章主要介绍公式与函数的使用方法，包括使用公式快速计算、函数的应用、数据透视表和数据透视图的应用、数据分析以及查看与打印工作表等；第 11～13 章主要介绍实战案例，包括 Excel 2019 在行政管理、人力资源管理和会计中的应用等；第 14～16 章主要介绍 Excel 的高级应用，包括宏和加载项、Office 组件间的协同办公以及使用手机移动办公的方法等。

　　本书附赠与教学内容同步的视频教程及案例的配套素材和结果文件。此外，还赠送了大量相关学习内容的视频教程及扩展学习电子书等。

　　本书不仅适合电脑的初、中级用户学习使用，也可以作为各类院校相关专业学生和电脑培训班学员的教材或辅导用书。

◆ 编　　著　史卫亚　侯惠芳　陈　亮
　　责任编辑　李永涛
　　责任印制　马振武

◆ 人民邮电出版社出版发行　　北京市丰台区成寿寺路 11 号
　　邮编　100164　　电子邮件　315@ptpress.com.cn
　　网址　http://www.ptpress.com.cn
　　北京七彩京通数码快印有限公司印刷

◆ 开本：700×1000　1/16
　　印张：20　　　　　　　　　　　　2019 年 7 月第 1 版
　　字数：430 千字　　　　　　　　　2024 年 8 月北京第 8 次印刷

定价：49.80 元

读者服务热线：(010)81055410　印装质量热线：(010)81055316
反盗版热线：(010)81055315
广告经营许可证：京东市监广登字20170147号

Preface 前言

在信息科技飞速发展的今天，电脑已经走入了人们工作、学习和日常生活的各个领域，而电脑的操作水平也成为衡量一个人综合素质的重要标准之一。为满足广大读者的学习需求，我们针对当前电脑应用的特点，组织多位相关领域专家、国家重点学科教授及电脑培训教师，精心编写了这套"从入门到精通"系列图书。

写作特色

从零开始，快速上手

无论读者是否接触过电脑，都能从本书获益，快速掌握软件操作方法。

面向实际，精选案例

全部内容均以真实案例为主线，在此基础上适当扩展知识点，真正实现学以致用。

全彩展示，一步一图

本书通过全彩排版，有效突出重点、难点。所有实例的每一步操作，均配有对应的插图和注释，以便读者在学习过程中能够直观、清晰地看到操作过程和效果，提高学习效率。

单双混排，超大容量

本书采用单、双栏混排的形式，大大扩充了信息容量，在有限的篇幅中为读者奉送更多的知识和实战案例。

高手支招，举一反三

本书在每章最后的"高手私房菜"栏目中提炼了各种高级操作技巧，为知识点的扩展应用提供了思路。

视频教程，互动教学

在视频教程中，我们采用工作、生活中的真实案例，帮助读者体验实际应用环境，从而全面理解知识点的运用方法。

配套资源

全程同步视频教程

本书配套的同步视频教程详细讲解每个实战案例的操作过程及关键步骤，帮助读者更轻松地掌握书中所有的知识内容和操作技巧。

超值学习资源

本书赠送大量相关学习内容的视频教程、扩展学习电子书及本书所有案例的配套素材和结果文件等，以方便读者扩展学习。

二维码视频教程

为了方便读者学习，本书提供了大量视频教程的二维码。读者使用微信、QQ 的"扫一扫"功能扫描二维码，即可通过手机观看视频教程。

创作团队

本书由史卫亚任主编，侯惠芳、陈亮任副主编，其中第 1~6 章由河南工业大学史卫亚编著，第 7~11 章由河南工业大学侯惠芳编著，第 12~16 章由河南工业大学陈亮编著。

在本书的编写过程中，我们竭尽所能地将最好的内容呈现给读者，但书中也难免有疏漏和不妥之处，敬请广大读者不吝指正。读者在学习过程中有任何疑问或建议，可发送电子邮件至 zhangtianyi@ptpress.com.cn。

编者

Contents 目录

第 7 章 函数的应用——设计薪资管理系统

本章视频教学时间 / 1 小时 49 分钟

第 8 章 数据透视表 / 图的应用——制作年度产品销售额数据透视表及数据透视图

本章视频教学时间 / 46 分钟

第 9 章 **Excel 的数据分析功能——分析成绩汇总表**

本章视频教学时间 / 1 小时 9 分钟

第 10 章 **查看与打印工作表——公司年销售清单**

本章视频教学时间 / 42 分钟

赠送资源

赠送资源 1 Windows 10 操作系统安装视频教程

赠送资源 2 9 小时 Windows 10 视频教程

赠送资源 3 电脑维护与故障处理技巧查询手册

赠送资源 4 移动办公技巧手册

赠送资源 5 2000 个 Word 精选文档模板

赠送资源 6 1800 个 Excel 典型表格模板

赠送资源 7 1500 个 PPT 精美演示模板

赠送资源 8 Office 快捷键查询手册

第1章

Excel 的基本操作
——制作员工报到登记表

本章视频教学时间 / 39 分钟

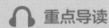 **重点导读**

Excel 2019 是微软公司推出的 Office 2019 办公系列软件的一个重要组成部分,主要用于电子表格处理,可以高效地完成各种表格和图的设计,并进行复杂的数据计算和分析,大大提高了数据处理的效率。

学习效果图

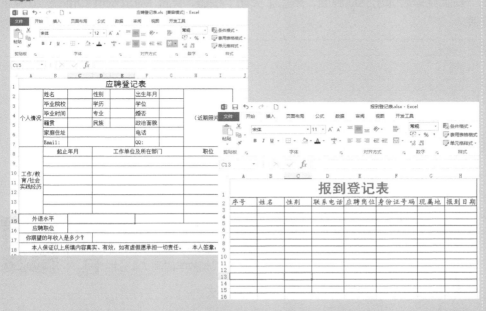

1.1 安装 Office 2019

本节视频教学时间 / 2 分钟

安装 Office 2019，首先要启动 Office 2019 的安装程序，按照安装向导的提示来完成 Office 2019 组件的安装。安装的具体操作步骤如下。

1 启动 setup.exe 文件

将 Office 2019 安装光盘插入计算机的 DVD 光驱中，系统会自动弹出安装启动界面。如果不自动弹出，则双击安装目录中的 setup.exe 文件进入准备界面。

2 显示安装进度

几秒钟后弹出【安装进度】对话框，出现安装进度条显示安装进度。

3 完成安装

安装完毕后弹出完成界面，单击【关闭】按钮，完成 Microsoft Office 2019 的安装。

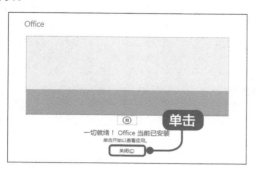

> 🔊 **提示**
>
> 初次运行 Office 2019 时，须进行联网激活。

1.2 Excel 2019 的启动和退出

本节视频教学时间 / 4 分钟

本节介绍 Excel 2019 启动和退出的几种方法。

1.2.1 启动 Excel 2019

通常启动 Excel 2019 软件后，系统会自动创建空白的工作簿。我们可以通过以下几种方法启动 Excel 2019。

1 从【开始】菜单启动

单击任务栏中的【开始】按钮，在弹出的【开始】菜单中选择【E】➤【Excel】选项，启动 Excel 2019。

2 从桌面快捷方式启动

双击桌面上的 Excel 2019 快捷图标，启动 Excel 2019。

📢 提示
使用快捷方式打开工作簿是比较简单的方法，但不是所有程序都可以通过快捷方式打开。

除了可以直接启动 Excel 2019 软件创建空白工作簿，也可以通过打开已有的 Excel 文档和直接在目标位置新建 Excel 文档这两种方法创建工作簿。

3 通过打开 Excel 文档启动

在计算机中找到并双击一个已存在的 Excel 文档（扩展名为 .xlsx）的图标，启动 Excel 2019。

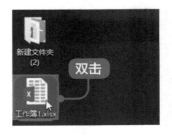

📢 提示
通过已存在的文档启动 Excel 文档后，单击文档界面的【文件】➤【新建】按钮，即可创建新的工作簿。

4 直接创建 Excel 文档

单击鼠标右键，在弹出的快捷菜单中选择【新建】➤【Microsoft Excel 工作表】选项，即可直接创建 Excel 文档。

📢 提示
使用这种方法创建的 Excel 文档，会直接以"新建工作簿 .xlsx"为默认名称保存到计算机中。

1.2.2 退出 Excel 2019

退出 Excel 2019 的方法有以下 4 种。

1 从【文件】选项卡

打开【文件】选项卡，在弹出的菜单中单击【关闭】选项。

3 从标题栏关闭

在标题栏的空白位置处右击，在弹出的下拉菜单中选择【关闭】选项。

4 使用快捷键

在 Excel 2019 窗口中，按【Alt+F4】快捷键也可以退出 Excel 2019。

2 单击【关闭】按钮

单击标题栏中的【关闭】按钮 × 退出。

1.3 Excel 2019 的工作界面

本节视频教学时间 / 4 分钟

新建工作簿之后，即可打开 Excel 2019 的工作界面，该界面主要由工作区、【文件】选项卡、标题栏、功能区、编辑栏、视图栏和状态栏 7 部分组成。

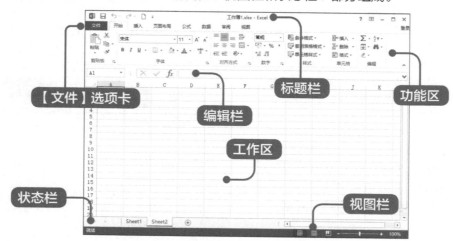

16

1. 工作区

工作区是在 Excel 2019 操作界面中用于输入数据的区域，由单元格组成，用于输入和编辑不同的数据类型。

2.【文件】选项卡

Excel 2019 操作界面中的【文件】选项卡包括信息、新建、打开、保存、另存为、打印、共享、导出、关闭和选项等命令。

3. 标题栏

在标题栏的左侧是快速访问工具栏，在标题栏中间显示的是当前编辑表格的文件名称，默认情况下，第一次启动 Excel，默认的文件名为"工作簿 1"。

4. 功能区

Excel 2019 的功能区由各种选项卡和包含在选项卡中的各种命令按钮组成，利用它可以轻松地找到以前隐藏在复杂菜单和工具栏中的命令和功能。

5. 编辑栏

编辑栏位于功能区的下方，工作区的上方，用于显示和编辑当前活动单元格的名称、数据或公式。

A1	▾	⋮	✕	✓	fx		

6. 状态栏

状态栏位于 Excel 表格的左下角，用于显示当前数据的编辑状态、选定的数据统计区等。

7. 视图栏

视图栏位于 Excel 表格的右下角，分为普通视图、分页预览视图和页面布局视图，可以在 3 种视图之间进行切换，在视图栏也可以调整页面显示的比例。

1.4 创建"员工报到登记表"工作簿

本节视频教学时间 / 9 分钟 ▶

在制作"报到登记表"之前，首先要创建一个工作簿。

1.4.1 创建工作簿

在打开的工作簿中，单击【文件】▶【新建】按钮，创建一个新的工作簿。

新建 Excel 文档后，单击快速访问栏中的【保存】按钮，弹出【另存为】对话框。

选择文档的存放位置后，在【文件名】文本框中输入"员工报到登记表"，单击【保存】按钮。

> 📢 提示
>
> 如果是用户直接创建的文档，系统以默认名称"新建工作簿.xlsx"保存，用户只需要将名称修改为"员工报到登记表"即可。

1.4.2 新建工作表

在工作簿中，默认只有一个名称为"Sheet1"的工作表。用户可以根据需要新增工作表。

1 使用【新工作表】按钮

单击工作表名称右侧的【新工作表】按钮⊕，新建空白工作表。

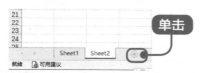

2 使用快捷菜单

在要插入工作表后的工作表上单击鼠标右键，在弹出的快捷菜单中选择【插入】选项，在弹出的【插入】对话框中选择【工作表】选项，单击【确定】按钮。

3 使用功能区

单击【开始】选项卡下【单元格】选项组中的【插入】按钮的下拉按钮，在弹出的下拉列表中选择【插入工作表】选项。

1.4.3 选择单个或多个工作表

在工作簿中，当前工作表为"Sheet1"。选择工作表时用户可以选择单个的Excel工作表，也可以直接选择多个工作表。

① 用鼠标选定 Excel 表格

用鼠标选定 Excel 表格的方法很简单，只需在 Excel 表格最下方的工作表标签上单击即可。

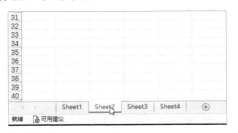

🔈 提示
用鼠标来选定 Excel 表格是最常用、最快速的方法。

② 选定连续的 Excel 表格

在 Excel 表格下方的第 1 个工作表标签上单击，选定该 Excel 表格，按住【Shift】键的同时选定最后一个表格的标签，即可选定连续的 Excel 表格。

也可以选择不连续的多个工作表。要选定不连续的 Excel 表格，按住【Ctrl】键的同时选择相应的 Excel 表格的标签即可。

1.4.4 删除工作表

选择工作表后，可以将工作表删除。删除工作表通常有以下两种方法。

① 选择【删除】菜单命令

选择要删除的工作表（这里选择"Sheet3"工作表）后，单击鼠标右键，在弹出的快捷菜单中选择【删除】选项，即可删除"Sheet3"工作表。

② 使用功能区删除工作表

选择要删除的工作表。单击【开始】选项卡下【单元格】选项组中的【删除】按钮的下拉按钮，在弹出的下拉菜单中选择【删除工作表】菜单命令。

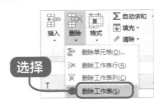

🔈 提示
使用该方法也可以同时删除多个工作表。

1.4.5 移动工作表

该操作可以将工作表移动到当前工作簿中，也可以移动到其他工作簿中。通过移动功能也可以达到删除工作表的效果。

1 选择【移动或复制】菜单命令

选择要移动的工作表后，单击鼠标右键，在弹出的快捷菜单中选择【移动或复制】选项，然后将工作表移动到其他工作簿。

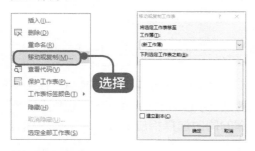

2 移动结果

如果将工作表移动至新的工作簿，那么移动后系统会自动创建新的工作簿，

并且新建的工作簿中只有移动的工作表。

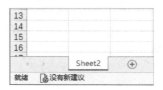

删除多余的工作表后，"员工报到登记表 .xlsx"工作簿中只包括"Sheet1"工作表。

> **提示**
>
> 除了可以删除、移动工作表外，用户也可以根据需要复制工作表、新建工作表。操作方法也很简单，使用鼠标右键单击选定的工作表名称，在弹出的快捷菜单中选择【移动或复制】或【插入】选项即可。

1.4.6 更改工作表的名称

删除工作表之后，用户可以将"员工报到登记表 .xlsx"工作簿中"Sheet1"工作表的名称修改为"报到登记表"，这样可以更方便地管理工作表。

1 双击工作表的标签

双击要重命名的工作表的标签"Sheet1"（此时该标签以高亮显示），进入可编辑状态。

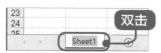

> **提示**
>
> 除上述方法外，也可以使用快捷菜单对工作表进行重命名。
> 在要重命名的工作表标签上单击鼠标右键，在弹出的快捷菜单中选择【重命名】选项。此时工作表标签会高亮显示，在标签上输入新的标签名，即可完成工作表的重命名。

2 完成重命名

输入新的标签名，即可完成对该工作表标签的重命名操作。

1.5 输入报到登记表内容

本节视频教学时间 / 3 分钟

设置工作表之后，就可以向"员工报到登记表 .xlsx"中输入数据了。

1 输入标题

在单元格 A1 中输入标题"员工报到登记表"。

2 输入表头

在 A2:H2 单元格区域输入表头，输入的内容如下图所示。

1.6 设置文字格式

本节视频教学时间 / 3 分钟

在工作表中输入标题和表头信息后，还可以设置文字的格式。

1 设置标题字体

选择 A1 单元格，在【开始】选项卡下的【字体】选项组中，单击【字体】下拉按钮，在弹出的列表中选择一种字体样式，如选择"方正黑体简体"。

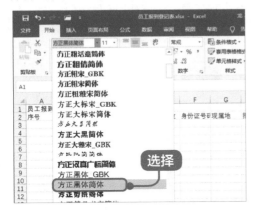

2 设置标题字号

选择 A1 单元格中的"报到登记表"，单击【字号】右侧的下拉按钮，在弹出的字号列表中选择"28"。

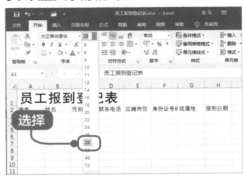

3 设置标题其他格式

选择 A1 单元格，单击【开始】选项卡下【字体】选项组中的【加粗】按钮可以加粗标题文字，然后单击【字体颜色】右侧的下拉按钮，在弹出的颜色列表中选择一种颜色。

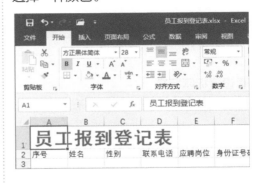

④ 设置表头格式

选择 A2:H2 单元格区域，在【开始】选项卡下的【字体】选项组中设置文字字体为"方正楷体简体"，字号为"14"。

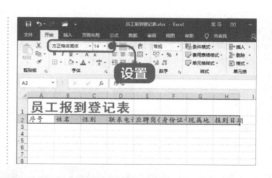

1.7 调整单元格大小

本节视频教学时间 / 6 分钟

输入内容后，要适当地调整单元格的大小，使数据全部显示。

1.7.1 调整单元格行高

设置标题和表头的字体大小时，Excel 能根据输入字体的大小自动调整行的高度，使其能容纳行中最大的字体。当然，也可以根据需要手动调整单元格的行高。

① 选择【行高】菜单命令

选择标题行后，单击鼠标右键，在弹出的快捷菜单中选择【行高】选项。

② 设置标题行高

弹出【行高】对话框，在【行高】文本框中输入合适的行高，如"38"，单击【确定】按钮。

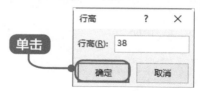

> 📣 提示
>
> 除了可以输入具体数值来精确地调整行高，还可以直接用鼠标拖曳的方式来调整行高，使用这种方法调整行高速度快，但是不精确。

1.7.2 调整单元格列宽

在"报到登记表"中输入表头行后，可以看到有的单元格内容被截断显示，有的占用了右侧的空白单元格，这是单元格的列宽不足引起的。

1 拖动列标之间的边框调整列宽

将鼠标指针移动到 D 列与 E 列的列标之间，当鼠标指针变成 ✛ 形状时，按住鼠标左键向左拖动可以使列变窄，向右拖动则可使列变宽。拖动时将显示出以点和像素为单位的宽度工具提示。

> 📢 **提示**
> 使用此种方法可以快速调整列宽，但是不能精确地调整。对列宽没有严格数据要求时，可以使用此种方法调整，非常便捷。
> 另外，选择多列后，拖动最右边的列边框，也可将选中的多列调整为相同的列宽。

2 选择【列宽】菜单命令

选中 E 列，单击鼠标右键，在弹出的快捷菜单中选择【列宽】选项，弹出【列宽】对话框，输入合适的列宽，如"10"，单击【确定】按钮。

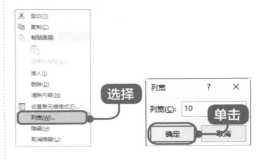

> 📢 **提示**
> 使用此种方法不但可以调整单列列宽，还可以调整多列列宽。选中多列后，单击鼠标右键，在弹出的【列宽】对话框中输入合适的列宽数值即可。此种方法可以精确地调整列宽。可以使用此方法调整 F 列、G 列和 H 列的列宽。

1.7.3 合并标题行单元格

合并标题行单元格，并设置标题单元格，使报到登记表更美观。

1 单击【合并后居中】按钮

选择 A1:H1 单元格区域后，单击【开始】选项卡下【对齐方式】选项组中的【合并后居中】按钮 。

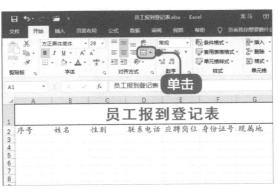

② 选择【设置单元格格式】菜单命令

选择 A1:H1 单元格区域后，单击鼠标右键，在弹出的快捷菜单中选择【设置单元格格式】选项，在弹出的【设置单元格格式】对话框中选择【对齐】选项卡，在【文本控制】选项组中勾选【合并单元格】复选框，单击【确定】按钮。

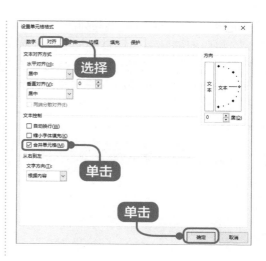

1.8 添加边框

本节视频教学时间 / 1 分钟

Excel 的默认表格线在打印时是不显示的，如要打印表格线，就要为其添加边框。

① 选择【所有框线】菜单命令

选择 A1:H15 单元格区域，单击【开始】选项卡下【字体】选项组中的【边框】按钮右侧的下拉按钮，在弹出的下拉列表中选择【所有框线】菜单命令。

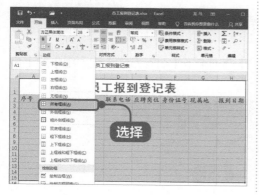

② 查看效果

添加边框线的效果如下图所示。

1.9 退出 Excel 2019 当前工作簿

本节视频教学时间 / 2 分钟

完成工作表的制作，按【Ctrl+S】组合键保存后就可以退出当前工作簿了。退出当前工作簿的方法有很多，常用的方法有以下 3 种。

（1）单击工作表右上角的【关闭】按钮，即可退出当前工作薄。

（2）单击【文件】选项卡下的【关闭】选项，可以关闭工作簿。

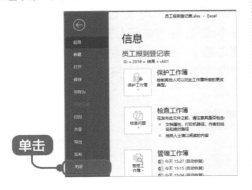

> **提示**
>
> 使用此种方法退出的是 Excel 2019 程序，由于相对其他方法，该方法操作比较麻烦，所以在工作中使用较少。

（3）单击 Excel 窗口，直接按【Alt+F4】组合键。

> **提示**
>
> Excel 2019 常用的快捷键如下。
> 【Ctrl +S】保存组合键。
> 【Ctrl +X】剪切组合键。
> 【Ctrl +C】复制组合键。
> 【Ctrl +F】查找组合键。
> 【Tab】可转到正右方的一个单元格。

至此，一份简单的"员工报到登记表"就制作完成了。

技巧 1：设置酷炫的"黑夜"主题

Excel 2019 中新增了"黑色"主题，可以使 Excel 2019 界面看起来更酷炫。设置主题的具体操作步骤如下。

1 选择【账户】选项

单击【文件】选项卡，选择【账户】选项，在右侧单击【Office 主题】后的下拉按钮，在弹出的下拉列表中选择"黑色"选项。

2 显示效果

可看到设置"黑色"主题后的效果。

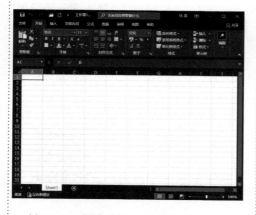

设置音频提示功能的具体操作步骤如下。

1 选择【选项】选项

启动 Excel 2019，选择【文件】选项卡，在列表中选择【选项】选项。

2 选中【提供声音反馈】复选框

弹出【选项】对话框，在左侧列表中选择【轻松访问】选项，在右侧【反馈选项】下选中【提供声音反馈】复选框，单击【确定】按钮。

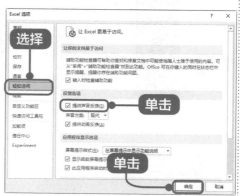

技巧 2：修复损坏的工作簿

如果工作簿损坏了不能打开，可以使用 Excel 2019 自带的修复功能修复。具体的操作步骤如下。

1 启动 Excel 2019

启动 Excel 2019，选择【文件】选项卡，在列表中选择【打开】➤【这台电脑】➤【浏览】选项。

2 弹出对话框

弹出【打开】对话框，从中选择要打开的工作簿文件。

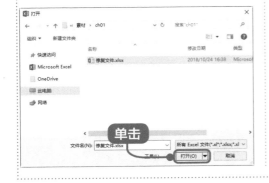

3 选择【打开并修复】菜单命令

单击【打开】按钮右侧的下拉按钮，在弹出的下拉菜单中选择【打开并修复】菜单命令。

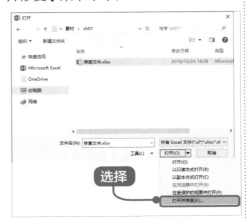

4 修复文件

弹出提示对话框，单击【修复】按钮，Excel 将修复并打开工作簿。如果修复不能完成，可单击【提取数据】按钮，只将工作簿中的数据提取出来。

举一反三

员工报到登记表是比较简单的一种工作表，主要包括表的标题和表头内容两部分。根据实际情况，不同单位的报到登记表的表头信息有所不同。除了报到登记表外，还有很多类似的简单的工作表，如毕业生就业管理表、项目进度表、应聘登记表、来客登记表、会议记录登记表等。

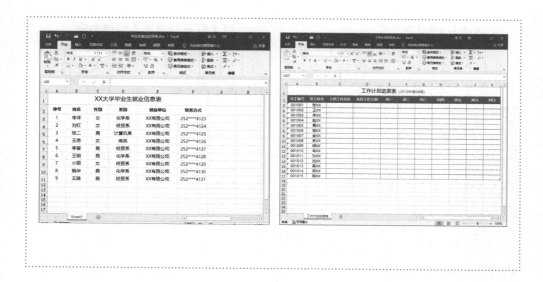

第 2 章

输入和编辑数据——制作员工考勤表

本章视频教学时间 / 51 分钟

🎧 重点导读

Excel 允许在使用时根据需要在单元格中输入文本、数值、日期、时间及计算公式等，用户在输入前应先了解各种类型的表格信息和输入格式。

📖 学习效果图

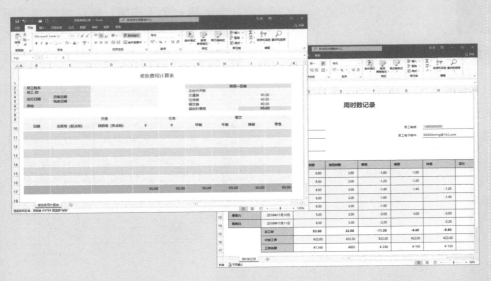

2.1 新建考勤表工作簿

本节视频教学时间 / 4 分钟

使用 Excel 2019 制作员工考勤表，首先要创建一个工作簿。

2.1.1 使用模板快速创建工作簿

如果要创建的工作簿与现有的某个工作簿相同或类似，可基于现有工作簿创建，然后在其基础上修改。

1 单击【文件】选项卡

单击任务栏中的【开始】选项卡，在弹出的【开始】菜单中选择【Microsoft Office 2019】➢【Excel 2019】选项启动 Excel 2019。新建工作簿后，单击【文件】选项卡，在弹出的界面中选择【新建】菜单命令。

2 单击考勤表类型

在右侧【搜索联机模板】搜索栏输入"考勤表"，单击【搜索】按钮，在弹出的界面中，单击【周考勤表】选项。

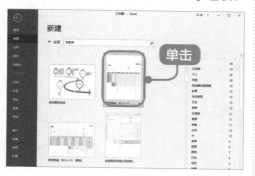

3 单击【创建】按钮

在弹出的【周考勤表】对话框中单击【创建】按钮。

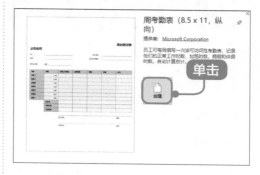

4 创建完成

创建一个工作簿，默认名称为"周考勤表（8.5×11，纵向）1"。

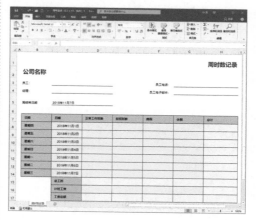

2.1.2 更改工作簿名称

使用模板创建工作簿后，工作簿的名称为系统默认名称，可以将其修改为用户设定的或者需要的名称。

1 单击【保存】按钮

单击快速访问工具栏中的【保存】按钮，弹出【另存为】对话框，在【文件名】文本框中输入工作簿的名称"员工考勤表 .xlsx"。

2 保存工作簿

单击【保存】按钮，返回工作簿中，可以看到工作簿的名称已经修改。

2.2 插入或删除行 / 列

本节视频教学时间 / 2 分钟

使用模板创建"员工考勤表"后，用户可以根据需要对工作表进行调整，如添加、删除行或列等。

2.2.1 插入列

在"员工考勤表"工作簿中可以插入一列内容，具体操作如下。

1 选择【插入】菜单命令

如果想在 F 列左侧添加一列内容，可以将光标移动到 F 列的列标上，单击选中 F 列。然后单击鼠标右键，在弹出的快捷菜单中选择【插入】选项。

> **提示**
> 如果选中多列内容，并执行【插入】命令，可快速插入多列。

2 插入列

在原 F 列左侧插入一列后，效果如下图所示。

提示

选择列后，单击【开始】选项卡下【单元格】选项组中的【插入】按钮的下拉按钮，在弹出的下拉列表中选择【插入工作表列】菜单命令，这样也可以在选择的列左侧插入列。

2.2.2 删除列

对于多余的行或列，可以将其删除，具体操作步骤如下。

1 选择【删除】菜单命令

将鼠标光标移到 F 列的列标上，选择 F 列后，单击鼠标右键，在弹出的快捷菜单中选择【删除】选项。

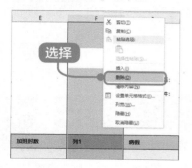

提示

选择要删除的列后，单击【开始】选项卡下【单元格】选项组中的【删除】右侧的下拉按钮，在弹出的下拉列表中选择【删除工作表列】菜单命令，也可以删除选择的列。

2 删除行

选择的列被删除后，效果如下图所示。

提示

插入与删除行的操作与插入与删除列的操作类似，只需要选择行并执行插入、删除命令即可，这里不再赘述。

2.3 输入员工考勤表员工信息

本节视频教学时间 / 17 分钟

设置工作表后，在输入员工考勤表的内容之前，先来了解单元格的数据类型。

2.3.1 单元格的数据类型

常用的单元格的数据类型主要包括以下几种。

1. 常规格式

常规格式是不包含特定格式的数据格式，Excel 中默认的数据格式即常规格式。下图中左列数据为常规格式，中列为文本格式，右列为数字格式。

> **提示**
>
> 按【Ctrl + Shift + ~】组合键，可以应用"常规"格式。

2. 数值格式

数值格式主要用于设置小数点的位数。用数值表示金额时，还可以使用千位分隔符表示。

右键单击选中的区域，在弹出的快捷菜单中选择【设置单元格格式】选项，弹出【设置单元格格式】对话框，选择【数字】选项卡，在【分类】列表框中选择【数值】选项，在右侧设置【小数位数】为"1"，并选中【使用千位分隔符】复选框，单击【确定】按钮。

3. 货币格式

货币格式主要用于设置货币的格式，包括货币类型和小数位数。

右键单击选中的区域，在弹出的快捷菜单中选择【设置单元格格式】选项，弹出【设置单元格格式】对话框，选择【数字】选项卡，在【分类】列表框中选择【货币】选项，设置【小数位数】后，在【货币符号】右侧的下拉列表中选择"￥"选项，然后单击【确定】按钮。

4. 会计专用格式

会计专用格式也使用货币符号标示数字，货币符号包括人民币符号和美元符号等。它与货币格式的不同之处在于，会计专用格式可以将一列数值中的货币符号和小数点对齐。

5. 时间与日期格式

在单元格中输入日期或时间时，系

统会以默认的日期和时间格式显示。此外，还可以用其他的日期和时间格式来显示数字。在【设置单元格格式】对话框中选择【数字】选项卡，在【分类】列表框中选择【日期】选项，在右侧的【类型】列表框中选择日期格式，单击【确定】按钮。在【分类】列表框中选择【时间】选项，在右侧的【类型】列表框中选择时间格式，单击【确定】按钮。

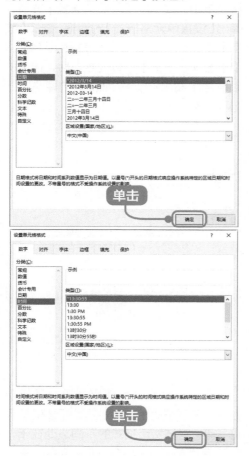

6. 百分比格式

单元格中的数字显示为百分比格式有先设置后输入和先输入后设置两种情况。先设置单元格中的格式为百分比，

系统会自动地在输入的数字末尾加上"%"，显示的数字和输入的数字一致。

提示

按【Ctrl + Shift + %】组合键，可以应用不带小数的百分比格式。

提示

如果不需要对分数进行运算，可以在向单元格中输入分数之前，将单元格设置为文本格式。这样，输入的分数就不会转换为小数或发生其他变化。

7. 分数格式

使用分数格式，将以实际分数（而不是小数）的形式显示或输入数字。例如，没有对单元格应用分数格式，输入分数"1/2"后，将显示为日期格式。要将它显示为分数，可以先应用分数格式，再输入相应的分数值。

5		
6	1月2日	1/2
7		
8		

8. 科学记数格式

在默认的工作表中，如果在一个单元格中输入的数字值较大，将自动转换成科学记数格式，此外，也可以直接设置成科学记数格式。

提示

按【Ctrl + Shift + ^】组合键，可以应用带两位小数的科学记数格式。

提示

默认情况下，在单元格中输入以"0"开头的数字，"0"忽略不计。

9. 文本格式

文本格式包含字母、数字和符号等。在文本单元格格式中，数字作为文本处理，单元格显示的内容与输入的内容完全一致。如果输入"001"，默认情况下只显示"1"；若设置为文本格式，则可显示为"001"。

10. 自定义格式

如果以上所述格式不能满足需要，用户可以设置自定义格式。例如，在输入学生基本信息时，学号前几位是相同的，对于这样的字符可以简化输入的过程，且能保持位数的一致。具体的操作步骤如下。

使用右键单击选择的区域，在弹出的快捷菜单中选择【设置单元格格式】选项，弹出【设置单元格格式】对话框，选择【数字】选项卡，在【分类】列表框中选择【自定义】选项，在右侧的【类型】列表中选择数据类型后，即可以现有格式为基础，生成自定义的数字格式。

2.3.2 数据输入技巧

为了更熟练地在单元格中输入数据，除了了解数据类型外，还需要了解数据的输入技巧。

新建一个空白工作簿，在单元格中输入数据，对于某些输入的数据，Excel 会自动地根据数据的特征进行处理并显示出来。此处主要向用户介绍输入文本、数值、时间和日期的技巧。

1. 文本格式输入技巧

单元格中的文本包括汉字、英文字母、数字和符号等。每个单元格最多可包含 32 767 个字符。例如，在单元格中输入"9 号运动员"，Excel 会将它显示为文本形式；若将"9"和"号运动员"分别输入到不同的单元格中，Excel 则会把"号运动员"作为文本处理，而将"9"作为数值处理。

1		
2		
3	9号运动员	9 号运动员
4		
5		
6		

> **提示**
>
> 要在单元格中输入文本，应先选择该单元格，输入文本后按【Enter】键，Excel 会自动识别文本类型，并将文本对齐方式默认设置为"左对齐"。

如果单元格列宽容纳不下文本字符串，则会占用相邻的单元格，若相邻的单元格中已有数据，则截断显示。如果在单元格中输入的是多行数据，在换行处按【Alt+Enter】组合键，可以实现换行。换行后在一个单元格中将显示多行文本，行的高度也会自动增大。

1		
2		
3	9号运动员	9 号运动员
4		
5	河南省郑州市金水区	
6	河南省郑州市金 北京市朝阳区	
7		
8		

1		
2		
3	9号运动员	9 号运动员
4		
5	河南省郑州市金水区	
6	河南省郑州市金 北京市朝阳区	河南省郑州市金水区
7		
8		

2. 数值格式输入技巧

数值型数据是 Excel 中使用最多的数据类型。

输入数值时，数值将显示在活动单元格和编辑栏中。单击编辑栏左侧的【取消】按钮可将输入但未确认的内容取消。如果要确认输入的内容，则可按【Enter】键或单击编辑栏左侧的【输入】按钮。

A1	▼	⋮	×	✓	fx	123

	A	B	C
1	123		
2			
3			
4			
5			
6			
7			
8			
9			
10			
11			
12			

提示

数值型数据可以是整数、小数或科学记数（如 6.09E+13）。在数值中可以出现的数学符号包括负号（－）、百分号（％）、指数符号（E）和美元符号（$）等。

在单元格中输入数值型数据的规则如下。

（1）在单元格中输入数值型数据后按【Enter】键，Excel 自动将数值的对齐方式设置为"右对齐"。

	A	B	C
1	张××	98	
2	王××	96	
3	李××	78	
4	孙××	69	
5	刘××	85	
6	马××	92	
7			

（2）输入分数时，为了与日期型数据加以区分，需要在分数之前加一个零和一个空格。例如，在 A3 单元格中输入"1/4"，则显示"1月4日"，在 B3 单元格中输入"0 1/4"，则显示"1/4"。

	A	B
1		
2		
3	1月4日	1/4
4		

（3）如果输入以数字 0 开头的数字串，Excel 将自动省略 0，如果要保持输入内容不变，可以先输入"'"，再输入数字或字符。

A3		× ✓ fx	'0123456789
	A	B	C
1			
2			
3	0123456789		
4			
5			

（4）单元格容纳不下较长的数字时，则用科学计数法显示该数据。

A1		× ✓ fx	12345678900000000
	A	B	C	D
1	1.23457E+16			
2	2.34568E+14			
3	9.85521E+15			
4				

3. 时间和日期输入技巧

在工作表中输入日期或时间时，需要用特定的格式进行定义。日期和时间也可以参加运算。Excel 内置了一些日期与时间的格式。当输入的数据与这些格式相匹配时，Excel 会自动将它们识别为日期或时间数据。

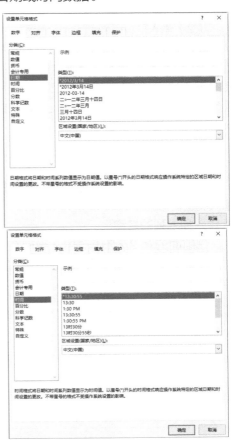

（1）输入日期

在输入日期时用左斜线或短线分隔日期的年、月、日。例如，可以输入"2018/11/10"或者"2018-11-10"。如果要输入当前的日期，按【Ctrl +; 】组合键即可。

	A	B	C
1			
2			
3	2018/11/10		
4			
5	2018-11-10		
6			
7	按【Ctrl +; 】组合键	2018/11/7	
8			
9			
10			
11			
12			
13			

（2）输入时间

输入时间时，小时、分、秒之间用冒号（:）作为分隔符。在输入时间时，如果按 12 小时制输入，需要在时间的后面空一格，再输入字母 am（上午）或 pm（下午）。

例如，输入"10:00 pm"，按下【Enter】键的时间结果是 10:00 PM。如果要输入当前的时间，按下【Ctrl + Shift +; 】组合键即可。

A7	▼	× ✓ fx	10:36:00
	A	B	C
1			
2			
3	10:00 AM		
4			
5	10:00 PM		
6			
7	10:36		
8			
9			
10			
11			
12			

> **📢 提示**
>
> 日期和时间型数据在单元格中靠右对齐。如果 Excel 不能识别输入的日期或时间格式，输入的数据将被视为文本并在单元格中靠左对齐。特别需要注意的是，若单元格中首次输入的是日期，则单元格自动格式化为日期格式，如果以后输入一个普通数值，系统仍然会换算成日期显示。

2.3.3 填写员工信息

了解完单元格中的数值类型和输入技巧之后，就可以开始向员工考勤表工作表中输入员工信息了。

1 输入插入列的名称

在前面的第 2.2.2 小节中，用户在 F 列前添加了一列，单击 F7 单元格，然后输入列名称"事假"。

2 输入周末时间

单击 C5 单元格，输入周结束时间"2018/11/11"，按【Enter】键后效果如下图所示。

3 输入员工信息

单击 C2 单元格并输入公司名称"XX公司",单击 C3 单元格并输入员工姓名"王晓明",单击 C4 单元格并输入经理姓名"郑经理",单击 H3 单元格并输入员工电话"13800000000",单击 H4 单元格并输入员工邮箱信息"XXXXX ming@163.com"。

4 设置标题格式

选择 A1:I1 单元格区域,单击【居中】按钮,将标题居中显示,然后根据需要调整第 1 行的行高,设置标题格式后效果如下图所示。

2.4 快速填充员工考勤表数据

本节视频教学时间 / 9 分钟

填写员工信息后,可以在考勤表格中输入该员工的工作时间、加班情况、请假情况等内容。

2.4.1 输入员工星期一考勤情况

首先向员工考勤表工作表中手动输入员工星期一的考勤情况。

1 输入考勤信息

依次单击 D17:H17 的单元格,输入该员工星期一正常工作时数、加班时数、事假、病假以及休假的时数。

2 自动计算结果

输入数据后,工作表中会自动计算出总计及总工时等相关数据,效果如下图所示。

2.4.2 使用填充柄填充表格数据

填充柄是位于当前活动单元格右下角的黑色方块，用鼠标拖动它可进行填充操作。该功能适用于填充相同数据或者序列数据信息。

在表格中将本周的正常工作时数全部填充为"8.00"的具体操作步骤如下。

1 选择填充数据内容

单击 D8 单元格，将光标定位到 D8 单元格的右下角，此时可以看到光标变成➕形状。

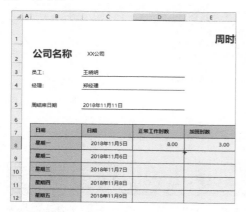

2 填充数据

按住鼠标左键并向下拖曳至需要填充的单元格后，松开鼠标键完成数据填充。

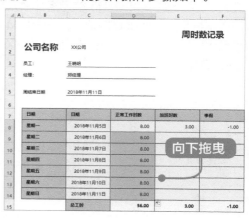

提示

使用填充柄填充数据时，默认情况下是【复制单元格】填充，如果要更改填充类型，可以在填充数据完成后，单击【自动填充选项】按钮，在弹出的下拉列表中更改填充类型。

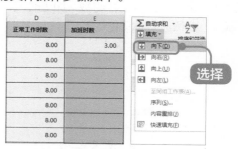

2.4.3 使用填充命令填充员工考勤表数据

使用填充命令填充"加班时数"列内容的具体操作步骤如下。

1 选择【向下】菜单命令

选择 E8:E14 单元格区域，在【开始】选项卡下，单击【编辑】选项组中的【填充】按钮，在弹出的下拉列表中选择【向下】菜单命令。

2 选择显示填充效果

填充后效果如下图所示。

日期	日期	正常工作时数	加班时数
星期一	2018年11月5日	8.00	3.00
星期二	2018年11月6日	8.00	3.00
星期三	2018年11月7日	8.00	3.00
星期四	2018年11月8日	8.00	3.00
星期五	2018年11月9日	8.00	3.00
星期六	2018年11月10日	8.00	3.00
星期日	2018年11月11日	8.00	3.00

提示

使用填充命令填充数据时，不但可以向下填充，也可以选择向右、向上、向左填充。无论使用哪种填充方法，均可以实现向上、下、左、右 4 个方向的快速填充。

2.4.4 使用数值序列填充员工考勤表数据

Excel 2019 中提供了默认的自动填充数值序列的功能，数值类型包括等差、等比数据。在使用填充柄填充这些数据时，相邻单元格的数据将按序列递增或递减的方式进行填充。除了使用填充柄，还可以使用自定义序列对数据进行填充。

1 选择【序列】选项

选择 F8:F14 单元格区域，单击【编辑】选项组中的【填充】按钮，在弹出的下拉列表中选择【序列】选项。

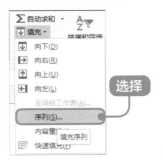

2 自定义填充类型

打开【序列】对话框，设置【类型】为"等差序列"，设置【步长值】为"-0.2"，单击【确定】按钮。

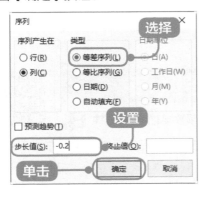

3 查看效果

可看到使用自定义数值序列填充单元格区域后的效果。

正常工作时数	加班时数	事假
8.00	3.00	-1.00
8.00	3.00	-1.20
8.00	3.00	-1.40
8.00	3.00	-1.60
8.00	3.00	-1.80
8.00	3.00	-2.00
8.00	3.00	-2.20

提示

对于不常用的数据序列，在填充数据选择列表时，先输入该数据列表，然后单击数据列表下方的单元格，按【Alt+↓】组合键即可调用列表选项。如在单元格 A1 中输入"男"，在单元格 A2 中输入"女"，选择 A3 单元格后，按【Alt+↓】组合键即可调出性别的选择列表，如下图所示。

2.4.5 输入员工考勤表其他部分数据

输入员工考勤表数据时，有些可以使用填充的方法填充数据内容，但是有些数据是需要手动输入的。

1 修改工作时数

单击 D13 单元格，删除填充的数据"8.00"后，输入"5.00"，将该员工周六的正常工作时数修改为 5 小时。

	A	B	C	D	E
4		经理：	郑经理		
5		周结束日期	2018年11月11日		
6					
7		日期	日期	正常工作时数	加班时数
8		星期一	2018年11月5日	8.00	3.00
9		星期二	2018年11月6日	8.00	3.00
10		星期三	2018年11月7日	8.00	3.00
11		星期四	2018年11月8日	8.00	3.00
12		星期五	2018年11月9日	8.00	3.00
13		星期六	2018年11月10日	5.00	3.00
14		星期日	2018年11月11日	8.00	3.00
15			总工时	53.00	21.00

2 修改加班时数

单击 E14 单元格，修改周日的加班时数为 5 小时，效果如下图所示。

	A	B	C	D	E
4		经理：	郑经理		
5		周结束日期	2018年11月11日		
6					
7		日期	日期	正常工作时数	加班时数
8		星期一	2018年11月5日	8.00	3.00
9		星期二	2018年11月6日	8.00	3.00
10		星期三	2018年11月7日	8.00	3.00
11		星期四	2018年11月8日	8.00	3.00
12		星期五	2018年11月9日	8.00	3.00
13		星期六	2018年11月10日	5.00	3.00
14		星期日	2018年11月11日	8.00	5.00
15			总工时	53.00	23.00

3 输入病假时数

单击 G13 单元格，输入"－3"，表明该员工在星期六请病假 3 小时。

F	G
事假	病假
-1.00	
-1.20	
-1.40	
-1.60	
-1.80	
-2.00	-3.00
-2.20	
-11.20	-3.00

4 查看效果

至此就完成了填充员工考勤表数据的操作，最终效果如下图所示。

2.5 移动与复制单元格区域

本节视频教学时间 / 4 分钟

考勤表中有些数据内容，可以直接使用移动与复制单元格区域内容的方法来完成。

2.5.1 使用鼠标移动与复制单元格区域

使用鼠标复制与移动单元格区域是编辑工作表最快捷的方法。可以使用鼠标直接移动与复制单元格区域。

1 选择单元格区域

选择 F8:F10 单元格区域，将鼠标指针移动到所选区域的边框线上，鼠标指针变成 形状。

2 复制单元格内容

按住【Ctrl】键不放，当鼠标指针右上角出现"+"时，拖动到单元格区域 G8:G10，即可将单元格区域 F8:F10 中的内容复制到新的位置。

3 复制其他单元格内容

选择 G9:G10 单元格区域，使用同样的方法将其内容复制到单元格区域 E10:E11 中，效果如下图所示。

> **📢 提示**
>
> 如果需要移动单元格区域的内容，在拖曳鼠标指针时不按【Alt】键即可实现单元格区域的移动操作。
> 利用剪贴板移动单元格区域的方法是先选择单元格区域，按【Ctrl+X】组合键将此区域剪切到剪贴板中，然后通过粘贴（【Ctrl+V】组合键）的方式移动到目标区域。

2.5.2 使用剪贴板移动与复制单元格区域

利用剪贴板复制与移动单元格区域是编辑工作表常用的方法之一。可以使用剪贴板复制员工考勤表单元格或单元格区域。

选择单元格区域 F13:F14，并按【Ctrl+C】组合键进行复制，选择目标位置 H13:H14，按【Ctrl+V】（粘贴）组合键，相关内容即被复制到单元格区域 H13:H14 中。

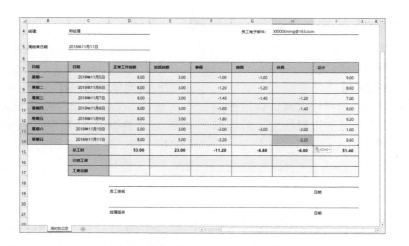

2.6 设定计时工资

本节视频教学时间 / 2分钟

不同公司的计时工资有所不同，本节中设定计时工资的具体操作步骤如下。

1 输入计时工资

单击单元格 D16，输入计时工资"25"，输入后单元格自动套用转换为已定义的格式。

2 输入加班时的计时工资

单击单元格 E16，输入加班计时工资"35"，输入后效果如下图所示。

3 输入事假计时工资

单击单元格 F16，输入事假计时工资"25"，并计算出事假扣除。

4 输入其他计时工资

依次单击单元格 G16 和 H16，分别输入病假和带薪假期的计时工资，输入后效果如下图所示。

2.7 查找与替换

本节视频教学时间 / 4 分钟

使用查找与替换功能可以在工作表中快速定位用户要找的信息，并且可以有选择地用其他值代替。在员工考勤表中使用查找和替换功能的操作如下。

> **提示**
> 在 Excel 2019 中，用户可以在一个或多个工作表中进行查找与替换。

1. 在员工考勤表中查找数据

一般来说，【查找】功能用于在内容较多且较烦琐的工作表中快速准确地定位用户指定数据的位置，当然，在员工考勤表中可以直接使用【查找】功能查找指定的数据。

1 选择【查找】菜单命令

将光标定位在"员工考勤表"工作表中，在【开始】选项卡下，单击【编辑】选项组中的【查找和选择】按钮，在弹出的下拉列表中选择【查找】菜单命令。

2 输入查找内容

弹出【查找和替换】对话框，在【查找内容】下拉列表中输入查找内容"8"，单击【查找下一个】按钮即可开始查找数据。

3 单击【选项】按钮

单击【查找和替换】对话框中的【选项】按钮，可以设置查找的格式、范围、查找的方式（按行或按列）等。

提示

将光标定位到"员工考勤表"工作表中，然后按【Ctrl+F】组合键，同样可以弹出【查找和替换】对话框。

在进行查找、替换操作之前，应该先选定一个搜索区域。如果只选定一个单元格，则仅在当前单元格内进行搜索；如果选定一个单元格区域，则只在该区域内进行搜索；如果选定多个工作表，则在多个工作表中进行搜索。

2. 在员工考勤表中替换数据

如果查找的内容需要替换为其他文字，可以使用【替换】功能。这里将"员工考勤表"的计时工资中所有的"25"修改为"22"，即将计时工资由25元/小时，修改为22元/小时。

提示

在进行查找和替换时，如果不能确定完整的搜索信息，可以使用通配符？和＊来代替不能确定的部分信息。？代表一个字符，＊代表一个或多个字符。

1 选择【替换】菜单命令

将光标定位在"员工考勤表"工作表中，在【开始】选项卡下，单击【编辑】选项组中的【查找和选择】按钮，在弹出的下拉列表中选择【替换】菜单命令。

2 输入替换内容

弹出【查找和替换】对话框，在【查找内容】下拉列表中输入查找内容"25"，在【替换】文本框中输入替换内容"22"，单击【替换】按钮即可开始替换数据，也可以直接单击【全部替换】按钮全部替换。替换后，弹出【Microsoft Excel】提示对话框，提示用户共进行了多少处替换，单击【确定】按钮。

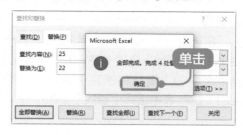

2.8 撤销与恢复

本节视频教学时间 / 2 分钟

撤销可以取消刚刚完成的一步或多步操作，恢复可以取消刚刚完成的一步或多步撤销操作，重复是指再进行一次上一步的操作。

1 撤销

在进行输入、删除和更改等单元格操作时，Excel 2019 会自动记录下最新的操作和刚执行过的命令。当不小心错误编辑了表格中的数据时，可以利用【撤销】按钮恢复上一步操作。

> **提示**
>
> 存盘设置选项或删除工作表等操作是不可撤销的。因此在执行文件的删除操作时要小心，以免破坏辛苦工作的成果。

2 恢复

在经过撤销操作后，【撤销】按钮右边的【恢复】按钮将被置亮，表明可以用【恢复】按钮来恢复已被撤销的操作。

> **提示**
>
> 默认情况下，【撤销】按钮和【恢复】按钮均在【快速访问工具栏】中。未进行操作之前，【撤销】按钮和【恢复】按钮是灰色不可用的。
>
>

2.9 保存"员工考勤表"工作簿

本节视频教学时间 / 1 分钟

"员工考勤表"制作完成后，可以保存起来方便以后使用。

1 选择【打印】菜单命令

单击【文件】选项卡，在弹出的界面中选择【打印】菜单命令，在右侧即可预览整个工作表。

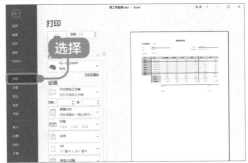

2 单击【保存】按钮

单击【文件】选项卡，在弹出的页面中单击【保存】按钮。

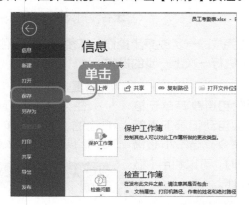

技巧 1：快速输入特殊符号

在使用 Excel 输入数据时，经常需要输入各种符号，有些符号可以直接利用键盘输入，但是有些符号需要在【符号】对话框中插入。

1 单击【符号】按钮

在【插入】选项卡下，单击【符号】选项组中的【符号】按钮，弹出【符号】对话框。

2 单击【插入】按钮

在【字体】下拉列表中，选择【Wingdings】选项，即可显示出特殊的符号。选择符号后单击【插入】按钮。

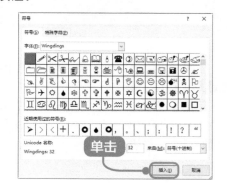

技巧 2：快速输入身份证号

默认情况下，输入身份证号后会以科学计数法显示，可使用以下方法输入。

1 选择【文本】选项

在【设置单元格格式】对话框中的【数字】选项卡中选择【文本】选项，单击【确定】按钮。

2 使用半角单引号

输入身份证号前，先输入一个半角单引号" ' "，即可输入完整的身份证号。

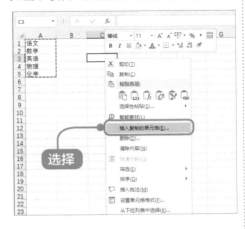

技巧 3：用插入方式复制单元格区域

在 Excel 工作表编辑的过程中，有时根据需要会插入包含数据和公式的单元格，使用插入方式复制单元格区域的具体操作步骤如下。

1 输入文本内容

启 动 Excel 2019 后，在 A1:A5 单元格区域中输入文本，如下图所示。

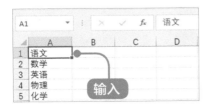

2 复制文本内容

选 择 单 元 格 区 域 A1:A5，按【Ctrl+C】组合键进行复制。

3 选择【插入复制的单元格】

选择目标区域的第一个单元格，如 C3，单击鼠标右键，在弹出的快捷菜单中选择【插入复制的单元格】选项。

4 单击【确定】按钮

在弹出的【插入粘贴】对话框中，选中【活动单元格右移】单选按钮，单击【确定】按钮，即可将复制的数据插入到目标单元格中。

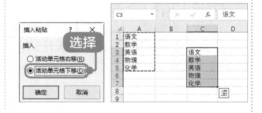

Excel 2019 软件为用户提供了多种系统模板，可以在联机模板搜索框中搜索需要的模板。

本章在制作员工考勤表时借助了Excel 2019联机模板中搜索的样本模板，然后在其基础上进行数据的输入和编辑。类似的表格还有很多，如差旅费用记录、简单每月预算、客户联系人列表等。

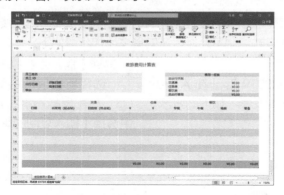

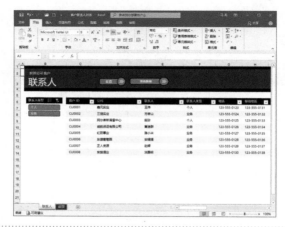

第 3 章

工作表的修饰——
制作人员值班表

本章视频教学时间 / 38 分钟

🎧 重点导读

Excel 为工作表的格式设置提供了方便的操作方法和多项设置功能，用户可以根据需要对工作表进行美化。通过本章的学习，使用 Excel 2019 制作人员值班表将会变得非常简单。

📖 学习效果图

3.1 对人员值班表的分析

本节视频教学时间 / 11 分钟

遇到长假，公司在不同的时间里需要不同的人进行不同的工作，这就需要编排一个班次表，安排谁在什么时间或日期上班或休息等。在制作人员值班表之前，首先要了解有多少人要值多长时间的班，然后再根据不同的个人的情况进行安排。

在 Excel 2019 中制作完值班表之后，还可以对其进行美化修饰，使整个值班表看起来更加美观、大方。以下将制作某公司 2018 年十一假期值班表，该值班表主要包括工作表名称、值班时间、值班地点、值班人员等内容。

1 新建工作簿

在制作人员值班表之前，首先需要新建一个工作簿，启动 Excel 2019 即可新建一个工作簿。

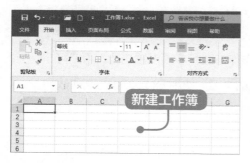

2 输入标题

选中 A1 单元格，在 A1 单元格中输入人员值班表的标题"2018 年十一值班表"。

3 输入表格内容

选中 A2 单元格，在 A2 单元格中输入值班的地点"值班地点：农科院加工所四楼 409 室（附注：2 号楼）"。在 A3:D11 单元格区域输入其他的表格内容，效果如下图所示。

4 单击【合并后居中】按钮

选择 A1:D1 单元格区域，然后在【开始】选项卡下，单击【对齐方式】选项组中的【合并后居中】按钮，效果如下图所示。

	A	B	C	D	E
1			2018年十一值班表		
2	值班地点：农科院加工所四楼409室（附注：2号楼）				
3	日期	星期	值班人员	带班	
4	2018/10/1	周一	郑霞	张青	
5	2018/10/2	周二	张琦申	张笑晴	
6	2018/10/3	周三	张琦申	王亚	
7	2018/10/4	周四	曾祥	刘会	
8	2018/10/5	周五	曾祥	齐霞飞	
9	2018/10/6	周六	巩新	乔鑫	
10	2018/10/7	周日	巩新	周大帅	

> **提示**
>
> 选择单元格区域后，右键单击鼠标，在弹出的快捷菜单中选择【设置单元格格式】菜单命令，在弹出的【设置单元格格式】对话框中，选中【对齐】选项卡下【文本控制】区域的【合并单元格】复选框，同样可以合并居中单元格。
>
> 单元格合并后，将使用原始区域左上角的单元格的地址来表示合并后的单元格地址。

在 Excel 2019 工作表中，如果单元格的宽度不足以使数据显示完整，则数据在单元格里会以科学计数法表示或被填充成"###"的形式。一般情况下，在输入数据时，Excel 会根据输入字体的大小自动地调整行的高度，使其能容纳行中最大的字体。

1 数据以"###"显示

将鼠标指针移动到第 1 列和第 2 列之间，当鼠标指针变成✛形状时，按住鼠标左键向左拖动，可以发现第 1 列的数据内容会以"###"显示。

2 调整列宽

如果向右拖动鼠标，第 1 列的数据将全部显示出来。

> 📢 **提示**
>
> 用户也可以调整多列的列宽。同时选择多列，然后将鼠标指针移动到最右侧一列的右边的边框上，按住鼠标左键拖动到合适的位置，释放鼠标左键，完成多列列宽的调整。

3 调整行高

将鼠标指针移动到行号上，当鼠标指针变成✛形状时，按住鼠标左键并向上或向下拖曳鼠标，即可调整行高。

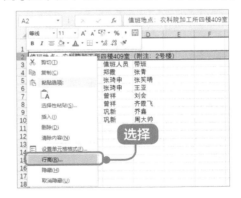

4 选择【行高】菜单命令

选择需要调整的行，在行号上单击鼠标右键，在弹出的快捷菜单中选择【行高】选项。弹出【行高】对话框，在【行高】文本框中输入行高值即可修改行高。

3.2 美化人员值班表

本节视频教学时间 / 8 分钟

人员值班表的内容输入完成之后，还需要对工作表进行美化。Excel 2019 提供了许多美化工作表的格式，利用这些格式，可以使工作表更清晰、更形象和更美观。

3.2.1 设置字体和字号

在 Excel 2019 中，设置"人员值班表"的字体和字号是制作一份美观值班表的必要操作。

1 设置字体

选择需要设置字体的单元格 A1，在【开始】选项卡下，在【字体】选项组中的【字体】下拉列表中选择需要的字体。

2 显示效果

按照以上方法，根据需要设置其他单元格内容的字体为"微软雅黑"。

3 设置字号

选择需要设置字号的单元格 A1，在【开始】选项卡下，在【字体】选项组中的【字号】下拉列表中选择所需的字号，这里选择"20"。

4 显示效果

按照步骤 3，设置其他单元格内容的字号，最终效果如下图所示。

3.2.2 设置字体颜色

如果对人员值班表中的字体颜色不满意，可以更改字体的颜色。选择需要设置字体颜色的单元格 A1，在【开始】选项卡下，单击【字体】选项组中 **A** ▼ 按钮右侧的下拉按钮，在弹出的调色板中选择需要的字体颜色，如下图所示，设置字体颜色为"深红"色。

> **提示**
>
> 如果调色板中没有所需的颜色，可以自定义颜色。在弹出的调色板中选择【其他颜色】选项，弹出【颜色】对话框，在【标准】选项卡中选择需要的颜色，或者在【自定义】选项卡中调整适合的颜色，单击【确定】按钮即可应用重定义的字体颜色。

3.2.3 设置文本方向

将人员值班表 A2 单元格中的文本旋转一定的角度突出显示。

1 选择【设置单元格对齐方式】选项

选择需要设置文本方向的单元格或单元格区域，在【开始】选项卡下单击【对齐方式】选项组中的【方向】按钮，在弹出的下拉列表中选择【设置单元格对齐方式】选项。

2 调整文本方向

在弹出的【设置单元格格式】对话框中调整文本的方向。也可以在【方向】选项组的数值框中直接输入旋转的角度，此处输入"2"，然后根据需要调整行高，显示所有内容。

55

> **提示**
>
> 在数值框中输入正数，文字水平向上旋转；输入负数，文字水平向下旋转。

3.2.4 设置背景颜色和图案

为了使人员值班表的外观更漂亮，可以为单元格设置背景颜色和背景图案。

1 设置标题背景色

选定 A1 单元格，单击【开始】选项卡下【字体】选项组中【填充颜色】按钮右侧的下拉按钮 ，在弹出颜色列表中选择一种颜色。

2 显示设置效果

此时即为选定的单元格区域添加了背景颜色。

3 设置标题背景图案

选定 A1 单元格，然后单击【开始】选项卡下【字体】选项组右下角的【字体设置】按钮。在弹出的【设置单元格格式】对话框中选择【填充】选项卡，

在【图案样式】下拉列表中选择一种图案样式。

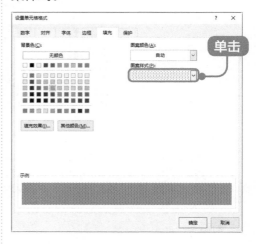

4 显示设置效果

单击【确定】按钮即可为选定的单元格区域添加图案效果，然后根据需要调整列宽，最终效果如下图所示。

> **提示**
>
> 用户也可以按住【Ctrl】键选择不连续的单元格区域，然后填充背景色。

3.3 设置对齐方式

本节视频教学时间 / 2 分钟

在 Excel 2019 中，单元格数据的对齐方式有左对齐、右对齐和合并居中对齐等。设置文本的对齐方式可以使表格看起来更工整、美观。

1 选择单元格区域

选择要设置对齐方式的单元格区域 A3:D10。

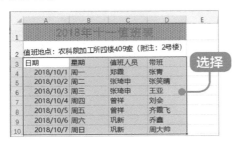

2 设置居中效果

单击【对齐方式】选项组中的【垂直居中】按钮和【居中】按钮，被选择的区域的数据将居中显示，如下图所示。

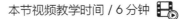

3.4 设置边框线

本节视频教学时间 / 6 分钟

在编辑 Excel 2019 工作表时，工作表默认显示的表格线是灰色的，并且打印不出来。如果需要打印出表格线，就需要对表格的边框进行设置。

3.4.1 使用功能区进行设置

使用功能区【字体】选项组中的【边框】按钮，可以设置单元格的边框。下面介绍设置人员值班表的边框线的方法，其具体的操作步骤如下。

1 选择【所有框线】选项

选择要设置边框的单元格区域，在【开始】选项卡下，单击【字体】选项组中【边框】按钮右侧的下拉按钮，在弹出的【边框】下拉列表中，根据需要选择【所有框线】选项。

2 显示边框效果

此时可为单元格区域设置相应的边框，设置所有框线后的工作表如下图所示。

提示

如果要应用边框的线条样式，可以选择【线型】选项；要应用边框的线条颜色，可以选择【线条颜色】选项。

3.4.2 打印网格线

如果不设置边框线，仅需打印时才显示边框线，可以通过设置打印网格线来实现。

1 选择单元格区域

选择要设置打印网格线的单元格区域。

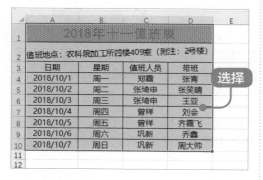

2 选择网格线打印

在【页面布局】选项卡下的【工作表选项】选项组中，选中【网格线】栏中的【打印】复选框；或者单击【工作表选项】选项组右下角的按钮。

3 设置网格线打印

在弹出的【页面设置】对话框中，单击【工作表】选项卡，选中【打印】选项组中的【网格线】复选框。

4 查看设置效果

单击【确定】按钮，在打印预览状态下可以看到表格中的网格线的效果。

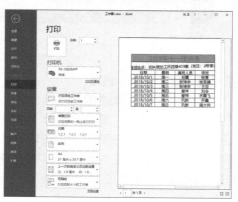

3.4.3 设置边框线型

为"人员值班表"设置边框线型的具体操作步骤如下。

1 选择单元格区域

选择要设置边框线型的单元格区域。

2 设置边框线型

在【开始】选项卡下,单击【字体】选项组中【边框】按钮右侧的下拉按钮,在弹出的下拉菜单中选择【线型】菜单命令,然后在其子菜单中选择一种线型。

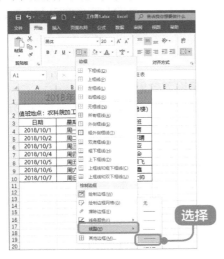

3 绘制边框

在 Excel 窗口中,当鼠标指针变成一个铅笔形状时,可以按住鼠标左键并拖曳指针在要添加边框的单元格区域绘制边框。

	A	B	C	D	E
1	2018年十一值班表				
2	值班地点:农科院加工所四楼409室(附注:2号楼)				
3	日期	星期	值班人员	带班	
4	2018/10/1	周一	郑霞	张青	
5	2018/10/2	周二	张琦申	张笑晴	
6	2018/10/3	周三	张琦申	王亚	
7	2018/10/4	周四	曾祥	刘会	
8	2018/10/5	周五	曾祥	齐霞飞	
9	2018/10/6	周六	巩新	乔鑫	
10	2018/10/7	周日	巩新	周大帅	
11					

4 设置边框类型

也可以单击【边框】按钮右侧的下拉按钮,在弹出的【边框】下拉列表中选择边框的设置类型,如选择【所有框线】选项,可以快速应用所选的线型。

	A	B	C	D	E
1	2018年十一值班表				
2	值班地点:农科院加工所四楼409室(附注:2号楼)				
3	日期	星期	值班人员	带班	
4	2018/10/1	周一	郑霞	张青	
5	2018/10/2	周二	张琦申	张笑晴	
6	2018/10/3	周三	张琦申	王亚	
7	2018/10/4	周四	曾祥	刘会	
8	2018/10/5	周五	曾祥	齐霞飞	
9	2018/10/6	周六	巩新	乔鑫	
10	2018/10/7	周日	巩新	周大帅	
11					
12					
13					

3.5 快速使用表格样式

本节视频教学时间 / 2分钟

下面为"人员值班表"添加表格样式。Excel 提供了很多现成的表格样式供使用者选择,具体操作步骤如下。

1 选择单元格区域

选择要设置表格样式的单元格区域。

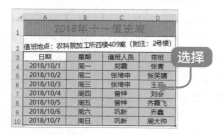

2 选择表格格式

在【开始】选项卡下，单击【样式】选项组中的【套用表格格式】按钮，在弹出的下拉菜单中选择【浅色】子菜单中的一种格式。

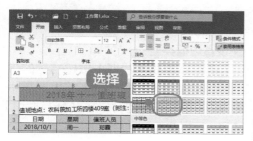

📢 提示

Excel 预置有 60 种常用的格式，用户可以自动套用这些预先定义好的格式。中等深浅样式更适合内容较复杂的表格。在套用深色样式美化表格时，为了将字体显示得更加清楚，可以对字体添加"加粗"效果。

3 套用表格式

弹出【套用表格式】对话框，单击【确定】按钮。

4 查看效果

可看到套用表格格式后的效果。

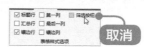

5 取消筛选

如果要取消筛选按钮，可以取消选中【表格工具 设计】选项卡下【表格样式选项】选项组中的【筛选按钮】复选框。

6 显示设置效果

取消筛选按钮后的效果如下图所示。

3.6 自动套用单元格样式

本节视频教学时间 / 4 分钟

下面为"人员值班表"套用单元格样式。

1 选择单元格区域

选择要套用单元格样式的单元格区域，按住【Ctrl】键可以选择不连续的单元格区域。

	A	B	C	D
1	2018年十一值班表			
2	值班地点：农科院加工所四楼409室（附注：2号楼）			
3	日期	星期	值班人员	带班
4	2018/10/1	周一	郑霞	张青
5	2018/10/2	周二	张琦申	张笑晴
6	2018/10/3	周三	张琦申	王亚
7	2018/10/4	周四	曾祥	刘会
8	2018/10/5	周五	曾祥	齐霞飞
9	2018/10/6	周六	巩新	乔鑫
10	2018/10/7	周日	巩新	周大帅

2 选择单元格样式

在【开始】选项卡下，单击【样式】选项组中的【单元格样式】按钮，在弹出的下拉菜单中选择【主题单元格样式】子菜单中的一种样式。

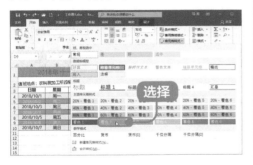

3 显示设置效果

显示套用单元格样式后的效果，如下图所示。

	A	B	C	D
1	2018年十一值班表			
2	值班地点：农科院加工所四楼409室（附注：2号楼）			
3	日期	星期	值班人员	带班
4	2018/10/1	周一	郑霞	张青
5	2018/10/2	周二	张琦申	张笑晴
6	2018/10/3	周三	张琦申	王亚
7	2018/10/4	周四	曾祥	
8	2018/10/5	周五	曾祥	齐霞飞
9	2018/10/6	周六	巩新	乔鑫
10	2018/10/7	周日	巩新	周大帅

4 选择单元格区域

选择要套用单元格样式的单元格区域，按住【Ctrl】键可以选择不连续的单元格区域。

5 选择单元格样式

在【开始】选项卡下，单击【样式】选项组中的【单元格样式】按钮，在弹出的下拉菜单中选择【主题单元格样式】子菜单中的一种。

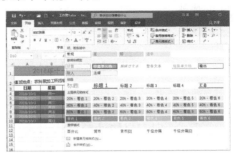

6 最终效果

显示套用单元格样式的最终效果如下图所示。

	A	B	C	D
1	2018年十一值班表			
2	值班地点：农科院加工所四楼409室（附注：2号楼）			
3	日期	星期	值班人员	带班
4	2018/10/1	周一	郑霞	张青
5	2018/10/2	周二	张琦申	张笑晴
6	2018/10/3	周三	张琦申	王亚
7	2018/10/4	周四	曾祥	刘会
8	2018/10/5	周五	曾祥	齐霞飞
9	2018/10/6	周六	巩新	乔鑫
10	2018/10/7	周日	巩新	周大帅

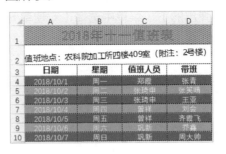

提示

在 Excel 2019 的内置单元格样式中，还可以创建自定义单元格样式。若要在一个表格中应用多种样式，可以使用自动套用单元格样式功能。

"人员值班表"制作完成后，可以将其保存。

1 单击【浏览】按钮

选择【文件】选项卡，在弹出的界面中选择【另存为】选项，在界面右侧单击【浏览】按钮。

2 单击【保存】按钮

弹出【另存为】对话框，在【文件名】文本框中输入"人员值班表"，然后选择工作簿的保存位置，单击【保存】按钮即可。

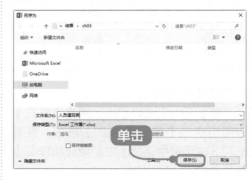

技巧 1： 自定义快速单元格样式

如果内置的快速单元格样式都不合适，可以自定义单元格样式。

1 选择【新建单元格样式】菜单命令

在【开始】选项卡下，单击【样式】选项组中的【单元格样式】按钮，在弹出的下拉菜单中选择【新建单元格样式】菜单命令。

2 输入新样式名称

弹出【样式】对话框，在【样式名】文本框中输入样式名，这里输入"新样式"。

3 设置格式

单击【格式】按钮，在弹出的【设置单元格格式】对话框中设置数字、字体、边框和填充等样式，然后单击【确定】按钮。

4 完成设置

新建的样式即会出现在【单元格样式】下拉列表中。

技巧2: 自动换行

当单元格中文字过长时，可以设置自动换行，以多行的形式显示完整文字。

1 设置自动换行

新建一个 Excel 空白文档，在 A1 单元格中输入文字，如果输入的文字过长，就会显示在后面的单元格中，选择单元格区域 A1，在【开始】选项卡下，单击【对齐方式】选项组中的【自动换行】按钮。

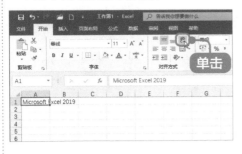

2 显示效果

设置单元格自动换行后，文字效果如下图所示。

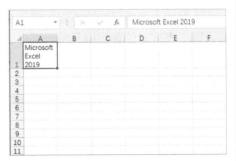

> 📢 提示
>
> 在【设置单元格格式】对话框的【格式】选项卡下选中【自动换行】复选框，也可以设置文本自动换行。

技巧3: 自定义快速表格样式

自定义快速表格格式和自定义快速单元格样式类似，具体的操作步骤如下。

1 选择【新建表样式】菜单命令

在【开始】选项卡下，单击【样式】选项组中的【套用表格格式】按钮，在弹出的下拉菜单中选择【新建表格样式】菜单命令。

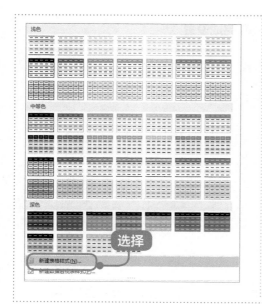

2 弹出对话框

弹出【新建表样式】对话框。在对话框中进行设置后，单击【确定】按钮，即可将此样式显示在【套用表格格式】下拉列表中。

举一反三

制作人员值班表的步骤非常简单，主要包括工作表内容的设置、边框线的设置、表样式的套用以及单元格样式的使用。不同公司的值班表不同，可以根据实际情况设置表头信息。除了人员值班表，还可以参照本章的操作制作并美化客户联系信息表、人事变更表、员工工资表、家庭账本等。

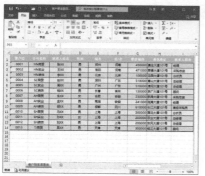

第 4 章

使用插图和艺术字——制作人力资源招聘流程图

本章视频教学时间 / 1 小时 13 分钟

 重点导读

在 Excel 2019 中使用艺术字和 SmartArt 图形，可以使文档看起来更加美观，此外，使用 SmartArt 图形还能够方便快速地完成在人力资源招聘中的工作。

学习效果图

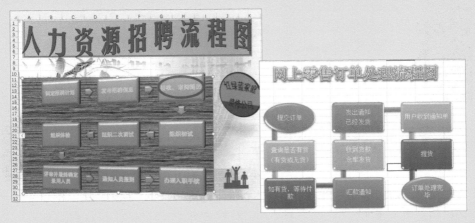

4.1 人力资源招聘流程图的必备要素

本节视频教学时间 / 3 分钟

要制作人力资源流程图，需要一些必备的要素。

（1）制订招聘计划，确定整个招聘过程。

（2）添加流程图标题。

（3）绘制流程图。

（4）添加流程图说明。

（5）添加公司标志。

（6）插入在线图标。

（7）添加墨迹。

制作人力资源招聘流程图，首先需要新建一个 Excel 工作簿，并将其另存。

1 单击【文件】选项卡

单击任务栏中的【开始】按钮，在弹出的【开始】菜单中选择【E】▷【Excel】菜单命令启动 Excel 2019。新建工作簿后，单击【文件】选项卡，在弹出的界面中选择【另存为】选项，在界面的右侧单击【浏览】按钮。

2 另存工作簿

在弹出的【另存为】对话框中选择文件要另存的位置，并在【文件名】文本框中输入"人力资源招聘流程图"，选择保存类型，单击【保存】按钮。

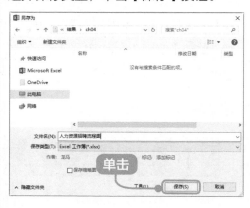

4.2 插入艺术字

本节视频教学时间 / 12 分钟

在工作表中可以使用艺术字、图形、文本框和其他对象。艺术字是一个文字样式库，可以将艺术字添加到 Excel 文档中，制作出装饰性效果。

4.2.1 添加艺术字

下面首先在"人力资源招聘流程图 .xlsx"工作簿中添加"人力资源招聘流程图"艺术字。

1 单击【艺术字】按钮

在 Excel 工作表的【插入】选项卡下，单击【文本】选项组中的【艺术字】按钮，弹出【艺术字】下拉列表，单击所需的艺术字样式。

2 插入艺术字

可在工作表中插入【请在此放置您的文字】艺术字文本框。

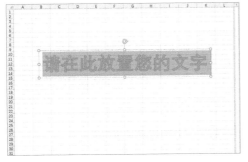

3 输入文字

将光标定位在工作表的艺术字文本框中，删除预定的文字，输入"人力资源招聘流程图"。

4 调整艺术字的位置

单击文本框，当光标变为十字的箭头时，按住鼠标左键拖曳文本框至合适的位置，松开鼠标左键，单击工作表中的任意位置，即可完成艺术字的添加。

4.2.2 设置艺术字的格式

在工作表中插入艺术字后，可以设置艺术字的字体、字号及样式等格式。

1. 修改艺术字文本

如果插入的艺术字有错误，只要在艺术字内部单击，即可进入字符编辑状态。按【Delete】键删除错误的字符，然后输入正确的字符。

2. 设置艺术字字体与字号

设置艺术字字体、字号和设置普通文本的字体、字号的操作一样。

1 单击【字体】按钮

选择需要设置字体的艺术字，在【开始】选项卡下，单击【字体】选项组中的【字体】按钮，在其下拉列表中选择一种字体。

2 单击【字号】按钮

选择需要设置字号的艺术字，在【开始】选项卡下的【字体】选项组中单击【字号】按钮，在其下拉列表中选择一种字号，即可改变艺术字的字号。

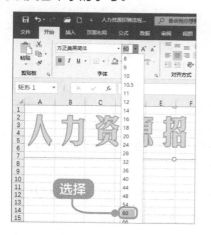

3. 设置艺术字样式

在输入艺术字时将会打开【绘图工具】▶【格式】选项卡，【绘图工具】▶【格式】选项卡下包含【插入形状】【形状样式】【艺术字样式】【排列】和【大小】5个选项组，在【艺术字样式】选项组中可以设置艺术字的样式。

1 更改艺术字样式

选择艺术字，在【格式】选项卡下，单击【艺术字样式】选项组中的【快速样式】按钮，在弹出的下拉列表中选择需要的样式，即可更改艺术字样式。

> **提示**
>
> 在【快速样式】下拉列表中单击【清除艺术字】按钮，即可清除艺术字的所有样式，但会保留艺术字文本以及字体和字号的设置。

2 单击【文本填充】按钮

选择艺术字，单击【艺术字样式】选项组中的【文本填充】按钮，在弹出的下拉列表中选择"紫色"。

提示

除了可以使用纯色填充文本外，还可以在【渐变】和【纹理】子菜单中选择要进行文本填充的渐变颜色和纹理，或者选择【图片】选项，使用图片进行填充。

3 单击【文本轮廓】按钮

单击【艺术字样式】选项组中的【文本轮廓】按钮，在弹出的下拉列表中选择需要的样式即可，这里选择"黑色"。

提示

还可以设置文本轮廓线的粗细及虚实线等。

4 单击【文本效果】按钮

单击【艺术字样式】选项组中的【文本效果】按钮，可以自定义文字效果。下图为选择【转换】➤【波形：上】的效果。

提示

文字效果包含阴影、映像、发光、棱台、三位旋转和转换等，使用者可以根据预览选择喜欢的文字效果。

4.设置艺术字形状样式

在【绘图工具】➤【格式】选项卡下的【艺术字样式】选项组中可以设置艺术字的形状样式。

1 选择样式

选择艺术字，单击【格式】选项卡下【形状样式】选项组中的【其他】按钮，在弹出的下拉列表中选择需要的样式。

2 设置形状填充

选择艺术字，单击【形状样式】选项组中的【形状填充】按钮右侧的下拉按钮，在弹出的下拉列表中选择【渐变】➤【从左上角】选项，如下图所示。

③ **设置形状轮廓**

单击【形状样式】选项组中的【形状轮廓】按钮 ，在弹出的下拉列表中选择需要的样式，这里选择【无轮廓】选项，效果如下图所示。

④ **设置形状效果**

单击【艺术字样式】选项组中的【形状效果】按钮 右侧的下拉按钮，可以自定义文字效果。

> **提示**
>
> 设置艺术字样式和艺术字的形状样式的方法大致是相同的，但是它们是两个不同的操作。设置艺术字样式可以对单个艺术字文本进行设置，而设置艺术字的形状样式是将艺术字文本框及内容作为一个整体进行设置。

5. 设置艺术字文本框大小

可以通过两种方式来设置艺术字文本框的大小。

① **拖动调整**

单击艺术字，在艺术字文本框上会出现8个控制点，拖动4个角上的控制点，可以等比例缩放文本框的大小；拖动4条边上的控制点，可以在横向或者纵向上拉伸或压缩艺术字文本框的大小。

② **精确调整**

选择艺术字，在【格式】选项卡下的【大小】选项组中，通过改变【形状高度】和【形状宽度】两个微调框中的数值，可以精确调整艺术字文本框的大小。

4.3 使用 SmartArt 图形

本节视频教学时间 / 23 分钟

SmartArt 图形是数据信息的艺术表示形式，可以在多种不同的布局中创建 SmartArt 图形。SmartArt 图形用于对文本和数据添加颜色、形状并强调效果。在 Excel 2019 中创建 SmartArt 图形非常方便。下面就来学习如何使用 SmartArt 图形创建招聘流程图。

4.3.1 SmartArt 图形的作用和种类

在使用 SmartArt 图形制作人力资源招聘流程图之前，先来了解一下 SmartArt 图形的作用和种类。

1. SmartArt 图形的作用

SmartArt 图形主要应用在以下场合。

（1）创建组织结构图（如下图所示）。

（2）显示层次结构。

（3）演示工作流程中的各个步骤或阶段（如下图所示）。

（4）显示过程、程序或其他事件流。

（5）列表信息。

（6）显示循环信息或重复信息。

（7）显示各部分之间的关系，如重叠概念。

（8）创建矩阵图。

（9）显示棱锥图中的比例信息或分层信息（如下图所示）。

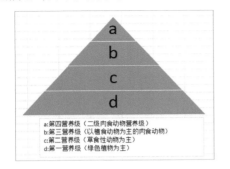

2. SmartArt 图形的种类

Excel 2019 提供八大类共 100 多种 SmartArt 图形布局形式。

（1）列表

使用 SmartArt 图形的【列表】类型，可以使项目符号文字更直观、更具影响力。用户可以通过它为文字着色，设定其尺寸，以及使用视觉效果或动画强调的形状。【列表】布局可用于对不遵循分步或有序流程的信息进行分组。

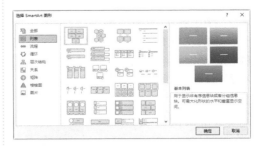

（2）流程

【流程】类型中的布局通常包含一个方向流，用来对流程或者工作流中的步骤或阶段进行图解。如果希望显示如何按部就班地完成阶段任务来产生某一结果，可以使用【流程】布局。【流程】布局可用来显示垂直步骤、水平步骤或蛇形组合中的流程。

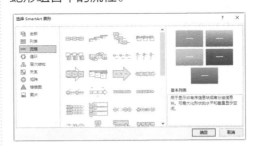

（3）循环

【循环】类型中的布局通常用来对循环流程或重复性流程进行图解。可以使用【循环】布局显示产品或动物的生命周期、教学周期、重复性或正在进行的流程，或者某个员工的年度目标制订和业绩审查周期等。

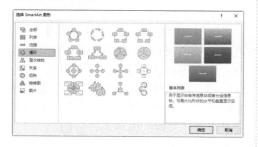

（4）层次结构

【层次结构】类型中最常用的布局就是公司组织结构图。另外，【层次结构】布局还可用于显示决策树或产品系列。

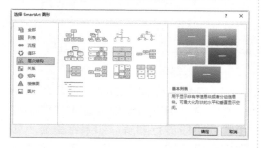

（5）关系

【关系】类型中的布局用于显示各部分之间非渐进、非层次的关系，并且通常说明两组或者更多组事物之间的概念关系或联系。

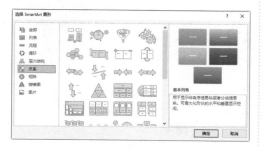

（6）矩阵

【矩阵】类型中的布局通常用于对信息进行分类，并且是二维布局，用来显示各部分与整体或与中心概念之间的关系。如果要传达 4 个或更少的要点以及大量的文字，【矩阵】布局是一个不错的选择。

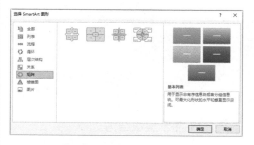

（7）棱锥图

【棱锥图】类型中的布局通常用于显示向上发展的比例关系或层次关系。【棱锥图】布局最适合需要自上而下或自下而上显示的信息。

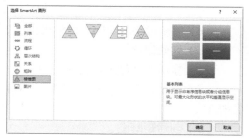

（8）图片

可以将插入的图片转换成 SmartArt 图形的版式。

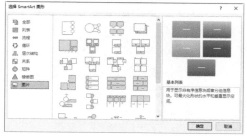

4.3.2 创建组织结构图

在创建 SmartArt 图形之前，应清楚需要通过 SmartArt 图形表达什么信息，以及是否希望信息以某种特定的方式显示。

1 单击【SmartArt】按钮

在【插入】选项卡下，单击【插图】选项组中的【SmartArt】按钮 ，弹出【选择 SmartArt 图形】对话框，选择【流程】选项。

2 选择【垂直蛇形流程】选项

在中间的列表中选择【垂直蛇形流程】选项，单击【确定】按钮，即可在工作表中插入 SmartArt 图形。单击图形左侧的按钮 ，即可弹出【文本】窗格。

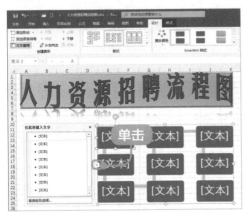

3 输入内容

通过【文本】窗格，可以输入和编辑 SmartArt 图形中显示的文字。在【文本】窗格中添加和编辑内容时，SmartArt 图形会自动更新。在左侧的【文本】窗格中输入如下图所示的文字。

> **提示**
>
> 添加文字完成后，只需要在 Excel 表格的空白位置处单击，即可取消【文本】窗格的显示，完成文字的输入。如果需要修改文本时，单击 SmartArt 图形即可重新显示【文本】窗格。

4 添加形状

如果需要添加更多的形状，先选中需要添加形状的位置，单击【设计】选项卡下【创建图形】选项组中的【添加形状】下拉按钮，在弹出的下拉列表中选择所需形状即可。这里在最后一个图形中选择【在后面添加形状】选项来添加新的形状。

提示

在添加形状时，可以在所选择的形状的前面添加新的形状，也可以在其后添加新的形状，还可以通过单击【上移所选内容】和【下移所选内容】按钮来移动所选内容的位置。

5 删除形状

选择要删除的形状，在键盘上按【Delete】键，即可将多余的形状删除。

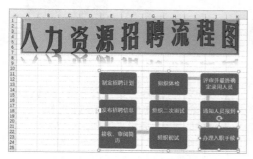

6 改变位置

将鼠标指针定位在 SmareArt 图形的边框上，当鼠标指针变为双向的十字箭头形状时，按住鼠标左键，拖曳光标至合适的位置，松开鼠标左键，即可改变 SmartArt 图形的位置。

7 设置效果

创建 SmartArt 图形并将其选定后，

功能区中将增加 SmartArt 工具的【设计】和【格式】两个选项卡。在【设计】选项卡下的【SmartArt 样式】选项组中，单击右侧的【其他】按钮，在弹出的下拉列表中选择【三维】选项组中的【优雅】类型样式。

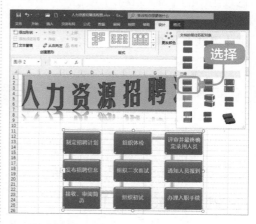

8 更改颜色

在【设计】选项卡下的【SmartArt样式】选项组中，单击【更改颜色】按钮，在弹出的颜色列表中选择【彩色】选项组中的【彩色范围 - 着色 5 至 6】选项，将 SmartArt 图形的颜色修改为如下图所示的效果。

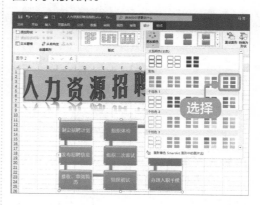

9 设置文字样式

选择图形框，在【SmartArt 工具】➤

【格式】选项卡下的【艺术字样式】选项组中，单击右侧的【其他】按钮⬇️，在弹出的下拉列表中选择一种艺术字样式，即可改变图形中文字的样式。

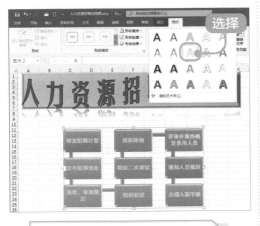

> **📢 提示**
>
> 除此之外，还可以设置文本填充、文本轮廓和文字效果。其设置方法与设置艺术字的方法相同，这里不再赘述。

⑩ 设置形状样式

选择图形框，在【SmartArt 工具】➤【格式】选项卡下的【形状样式】选项组中，单击【形状填充】按钮🪨形状填充 ▼，在弹出的下拉列表中选择【纹理】选项组中的【深色木质】选项，即可改变图形样式。

> **📢 提示**
>
> 此外，还可以设置图形的形状轮廓和形状效果。

4.3.3 更改 SmartArt 图形布局

可以通过改变 SmartArt 的布局来改变外观，以使图形更能体现出层次结构。

① 单击【其他】按钮

单击【设计】选项卡下【布局】选项组中的【其他】按钮⬇️，弹出布局列表。

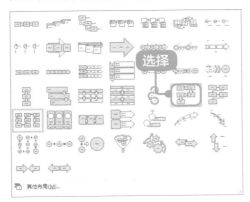

② 更改图形布局

在打开的列表中选择【基本蛇形流程】布局样式，即可更改 SmartArt 图形的布局。

4.3.4 调整 SmartArt 图形方向

选择需要调整显示方向的 SmartArt 图形，在【设计】选项卡下，单击【创建图形】选项组中的【从右向左】按钮 ↩ 从右向左 。

1 从右向左

默认情况下，创建的 SmartArt 图形是从左向右进行排列的。在从右向左按钮变为"高亮"状态（选中状态）时，单击即可将图形从右向左排列。

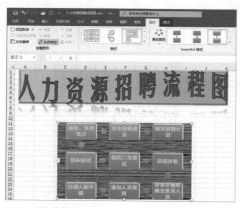

2 从左向右

再次单击【设计】选项卡下的【创建图形】选项组中的【从右向左】按钮，即可将图形从左向右进行排列。

4.3.5 旋转 SmartArt 图形

通过旋转形状，可以调整其位置。旋转多个形状时，各个形状将围绕各自的中心进行旋转。

1 旋转图形

选择要旋转的图形，在图形上方将显示旋转手柄，通过拖动形状的旋转手柄，可进行任意角度的旋转。

2 选择旋转角度

选择需要旋转的形状，在【格式】

选项卡下，单击【排列】选项组中的【旋转】按钮，在弹出的下拉列表中选择【向右旋转 90°】选项，可以将形状向右旋转 90°；选择【向左旋转 90°】选项，可以将形状向左旋转 90°。

> **提示**
>
> 将形状进行 90° 旋转或者将形状进行翻转等，有时可以起到锦上添花的作用。但在本案例中进行这些设置，相反会使图形效果更差，而且不利于阅读，建议不要在本案例中使用。

除了可在平面上旋转形状外，还可对形状进行三维旋转。

1 选择【三维旋转】选项

选择要进行三维旋转的形状，在【格式】选项卡下，单击【形状样式】选项组中的【形状效果】按钮，弹出下拉列表。

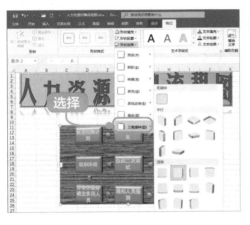

2 选择三维旋转样式

在下拉列表中选择【三维旋转】选项，弹出【三维旋转】子菜单。在【三维旋转】子菜单中选择需要应用的三维旋转效果即可（这里选择"左透视"）。

4.3.6 调整 SmartArt 图形的大小

SmartArt 图形作为一个对象，可以方便地调整其大小。

1 拖动边框调整大小

选择 SmartArt 图形后，其周围会出现一个边框，将鼠标指针移动到边框上，当鼠标指针变为双向箭头时，按住鼠标左键并拖曳鼠标即可调整形状的大小。

2 精确调整形状的大小

在对形状的大小要求比较严格的情况下，可以利用选项卡对形状进行调整。选择 SmartArt 图形，单击 SmartArt 工具的【格式】选项卡下的【大小】按钮，在打开面板的【高度】文本框或【宽度】文本框中输入具体的尺寸。按【Enter】键确定，即可精确地对 SmartArt 图形的大小做出调整。

4.4 插入公司标志图片

本节视频教学时间 / 14 分钟

在制作好招聘流程图之后，需要在制作的流程图中插入公司标志图片，在插入公司标志图片后，可以对图片进行简单的设置，使图片与整体招聘流程图相呼应。

Excel 2019 支持的图形格式包括两种：位图文件格式，如 BMP、PNG、JPG 和 GIF 等；矢量图文件格式，如 CGM、WMF、DRW 和 EPS 等。

4.4.1 插入图片

首先来看一下如何在招聘流程图文件中插入公司标志图片。

1 单击【插入】按钮

将光标定位在需要插入图片的位置。在【插入】选项卡下，单击【插图】选项组中的【图片】按钮，弹出【插入图片】对话框，选择图片的存放位置，选择要插入的图片，然后单击【插入】按钮。

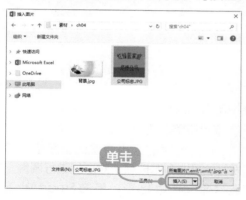

2 完成插入

插入图片后，选择图片，功能区会出现【图片工具】➤【格式】选项卡，在此选项卡下可以编辑图片，设置图片的格式、大小及样式等。

4.4.2 快速应用图片样式

为了采用一种快捷的方式美化图片，可以使用【图片样式】选项组中的 28 种预设样式，这些预设样式包括旋转、阴影、边框和形状的多种组合等。

1 单击【其他】按钮

选择插入的图片，在【格式】选项卡下，单击【图片样式】选项组中的【其他】按钮，弹出【快速样式】下拉列表。

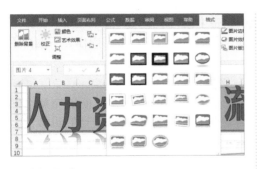

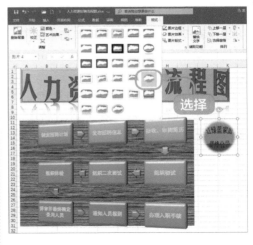

2 选择样式

鼠标指针在 28 种内置样式上经过，可以看到图片样式会随之发生改变，确定一种合适的样式，单击即可应用该样式。

4.4.3 调整图片大小和裁剪图片

可以调整图片的大小，使其与整体更协调。

1 使用选项卡精确调整图片大小

选择插入的图片，在【格式】选项卡【大小】选项组中的【形状高度】或【形状宽度】微调框中输入需要的高度或者宽度，即可改变图片的大小。这里设置其【形状宽度】值为"4.06"，其【形状高度】值会随之改变。

2 使用选项卡裁剪图片

选择插入的图片，在【格式】选项卡下，单击【大小】选项组中的【裁剪】按钮，随即在图片的周围会出现 8 个裁剪控制柄。拖动这 8 个裁剪控制柄，即可进行图片的裁剪操作。图片裁剪完毕，再次单击【裁剪】按钮，即可退出裁剪模式。

在【格式】选项卡下，单击【大小】选项组中【裁剪】按钮的下拉箭头，即可弹出【裁剪】选项的菜单。单击【裁剪】选项，即可对图片进行裁剪操作，下面介绍其他选项的作用。

1 根据形状剪裁

自动根据选择的形状进行裁剪。下图是选择○形状后，系统自动裁剪的效果。

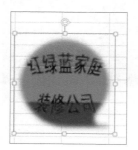

2 纵横比

根据选择的宽、高比例进行裁剪。下图是选择比例为3：4的裁剪效果。

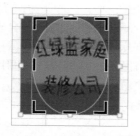

3 填充

调整图片的大小，以便填充整个图片区域，同时保持原始图片的纵横比，图片区域外的部分将被裁剪掉。

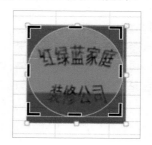

4 调整图片

调整图片，以便在图片区域中尽可能多地显示整个图片。

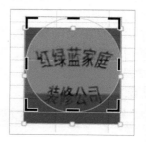

4.4.4 缩小图片文件的大小

向工作表中导入图片时，文件会显著增大。为了使工作表减小，可以缩小图片文件的大小。

1 单击【压缩图片】按钮

选择插入的图片，在【格式】选项卡下，单击【调整】选项组中的【压缩图片】按钮，弹出【压缩图片】对话框。

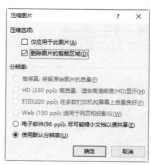

2 设置压缩图片选项

选中【仅应用于此图片】复选框，这样就不会对其他图片进行压缩操作。选中【删除图片的裁剪区域】复选框，即使【重设图片】也不能还原。在【目标输出】选项组中有 6 个单选按钮，默认 Excel 压缩图片到适于打印的 220dpi，可以通过选择其余 5 个单选按钮来更改分辨率。最后单击【确定】按钮。

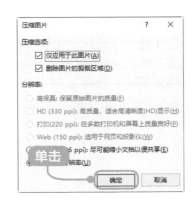

4.4.5 调整图片的显示

可以通过【格式】选项卡【调整】选项组中的按钮，来设置图片的显示效果。

1 单击【更正】按钮

选择插入的图片，单击【格式】选项卡【调整】选项组中的【校正】按钮，从弹出的列表中可以根据提供的预览样式，设置图片的锐化度、柔和度、亮度和对比度等。

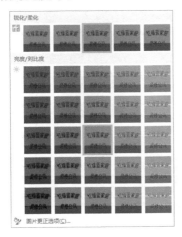

2 单击【颜色】按钮

选择插入的图片，单击【格式】选项卡【调整】选项组中的【颜色】按钮，从弹出的列表中可以根据提供的预览样式，设置图片的颜色饱和度、色调，并为图片重新着色。

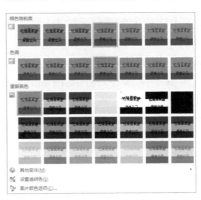

3 单击【艺术效果】按钮

选择插入的图片，单击【格式】选项卡【调整】选项组中的【艺术效果】按钮，从弹出的列表中可以根据提供的预览样式，对图片应用艺术效果。

4 设置图片格式

单击【格式】选项卡【图片样式】选项组右下角的 按钮，右侧会弹出【设置图片格式】侧栏，选择上方相应的选项，在下方窗口中可以进行更详细的设置。

4.4.6 设置边框和图片效果

可以通过【图片样式】选项组中的按钮，为图片添加边框和效果。

1 单击【图片边框】按钮

在【格式】选项卡下单击【图片样式】选项组中的【图片边框】按钮，可以在图像的四周增加一个边框，并且可以呈现不同颜色、不同粗细的直线和虚线效果。

2 单击【图片效果】按钮

如果想为图片添加更多的效果，可以单击【图片样式】选项组中的【图片效果】按钮，在弹出的列表中选择相应的选项。

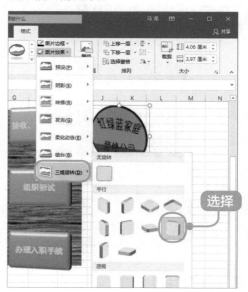

4.4.7 设置图片版式

通过设置图片的版式，可以使图片应用于各种组织图或说明文档中。选择插入的图片，在【格式】选项卡下，单击【图片样式】选项组中的【图片版式】按钮，然后从弹出的列表中选择合适的版式。下图为应用"图片题注列表"选项后的效果。

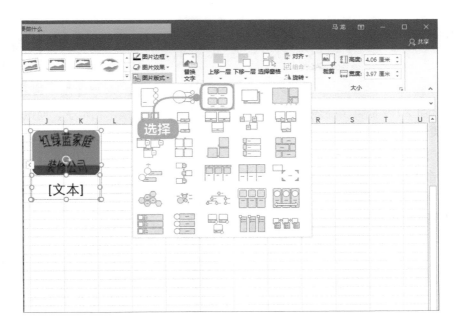

4.4.8 设置背景图片

制作完成流程图之后，可以为流程图文件添加背景图片，并对制作好的人力资源招聘流程图进行保存。

1 单击【背景】按钮

单击【页面布局】选项卡下【页面设置】选项组中的【背景】按钮，打开【插入图片】对话框，单击【从文件】后的【浏览】按钮。

2 选择图片

打开【工作表背景】对话框，选择要作为背景的图片，单击【插入】按钮。

3 单击【插入】按钮

将图片插入 Excel 工作表，并将其设置为背景。

4.5 插入在线图标

本节视频教学时间 / 3 分钟

Excel 2019 提供了在线图标功能，提供了包含人物、技术和电子、通讯、商业等 26 类图标，方便用户使用。

1 单击【图标】按钮

单击【插入】选项卡下【插图】选项组中的【图标】按钮。

2 选择图标类型

打开【插入图标】对话框，选择要插入的图标类型，这里选择【庆祝】组中的一种图标，单击【插入】按钮。

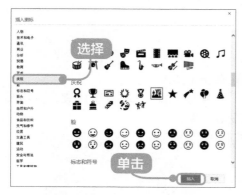

3 完成插入

将选择的图标插入 Excel 工作表后，根据需要调整图标的位置，效果如下图所示。

4 编辑图标样式

选择插入的图标，可显示【图形工具-格式】选项卡，在其中可以设置图标的样式、大小等，效果如下图所示。

> 📢 提示
>
> 图标样式及大小的设置方法与图片样式及大小的设置方法相同，这里不再赘述。

4.6 为流程图添加墨迹

本节视频教学时间 / 9分钟

墨迹书写功能，可以在Excel工作表中添加注释或勾画重点，并且可以将添加的墨迹转换为形状格式，便于对形状进行编辑。

4.6.1 激活绘图功能

在Excel 2019中使用墨迹，首先需要激活绘图功能，即将【绘图】选项卡显示在功能区，具体操作步骤如下。

1 选择【自定义功能区】选项

在功能区任一选项卡下任意位置单击鼠标右键，在弹出的快捷菜单中选择【自定义功能区】选项。

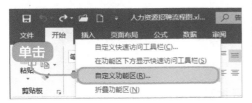

2 选中【绘图】复选框

打开【Excel选项】对话框，在【自定义功能区】区域选中【绘图】复选框，单击【确定】按钮。

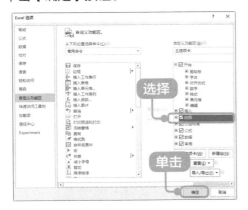

3 显示出【绘图】选项卡

在功能区可以看到新增了【绘图】

选项卡，其中包含【工具】【笔】和【转换】3个组。在【工具】组中可以绘制、选择和擦除墨迹；在【笔】组中可以选择画笔类型及设置笔触颜色；在【转换】组中可以将墨迹转换为形状或数学公式。

4 添加笔

单击【绘图】选项卡下【笔】组中的【添加笔】按钮，在弹出的下拉列表中选择【铅笔】选项。

5 添加笔后的效果

可看到添加【铅笔】后的效果。

4.6.2 突出显示文本

激活绘图功能后，就可以添加墨迹了，使用墨迹功能突出显示文本的具体操作步骤如下。

1 选择笔

单击【绘图】选项卡下【笔】选项组中的【笔：浅蓝，1毫米】选项，即可选择该画笔。

2 设置笔触粗细及颜色

单击画笔后的下拉按钮，在弹出的下拉列表中选择画笔的【粗细】为"2mm"，【颜色】为"红色"。

3 单击【绘图】按钮

单击【绘图】选项卡下【工具】选项组中的【绘图】按钮，调用【绘图】命令。

> 📢 **提示**
>
> 选择笔触后可直接添加墨迹，省略调用【绘图】命令的操作。

4 添加墨迹

此时，可以看到光标变为画笔形状，在需要添加墨迹的位置按住鼠标左键并拖曳，即可完成墨迹的添加，按【Esc】键可结束画笔命令。

5 擦除墨迹

单击【绘图】选项卡下【工具】选项组中的【橡皮擦】按钮，鼠标光标变为橡皮擦形状，在需要擦除的墨迹上单击，即可将不需要的墨迹擦除。

6 选择单个墨迹

编辑墨迹样式前需要先选择墨迹，直接在要编辑的墨迹上单击，即可选择该墨迹。

7 使用【套索选择】工具选择墨迹

单击【绘图】选项卡下【工具】选项组中的【套索选择】按钮，调用【套索选择】命令。按住鼠标左键并拖曳形成选择框选择墨迹。

8 完成墨迹选择

释放鼠标左键，选择框中的所有墨迹都会被选中。

4.6.3 快速绘图——将墨迹转换为形状

手动添加的墨迹注释是不规则的形状，如果要绘制出规则的形状，可以使用将墨迹转换为形状命令，具体操作步骤如下。

1 单击【将墨迹转换为形状】按钮

单击【绘图】选项卡下【转换】选项组中的【将墨迹转换为形状】按钮，当该按钮显示灰色背景时，表明已经开启了【将墨迹转换为形状】功能。

2 绘制形状

单击【绘图】选项卡下【工具】选项组中的【绘图】按钮，在需要添加墨迹的位置按住鼠标左键绘制类似椭圆的形状。

3 完成形状绘制

释放鼠标左键，即可看到绘制的形状会自动转换为接近的标准形状，这里绘制的形状会转换为椭圆形状。

色"，并调整形状的大小，效果如下图所示。

4 编辑形状

选择转换后的形状，会显示【绘图工具-格式】选项卡，在其中设置【形状填充】为"无填充"、【形状轮廓】为"紫

4.6.4 隐藏墨迹

不要显示墨迹时，可以将其隐藏，具体操作步骤如下。

1 单击【隐藏墨迹】按钮

单击【审阅】选项卡下【墨迹】选项组中的【隐藏墨迹】按钮。

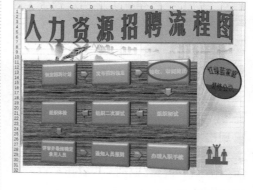

2 显示效果

可看到流程图中的墨迹被隐藏，但将墨迹转换为形状后的形状不会被隐藏。

高手私房菜

技巧1：在 Excel 工作表中插入 3D 模型

1 单击【3D 模型】选项卡

单击【插入】选项卡下【插图】选项组中的【3D 模型】按钮。

---

2 选择 3D 文件

弹出【插入 3D 模型】对话框，选择要插入的 3D 模型，单击【插入】按钮。

3 单击【确定】按钮

可将选择的 3D 模型插入到 Excel 工作表中。

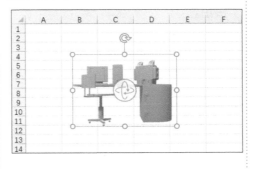

4 选择视图选项

选中插入的 3D 模型，则会弹出【3D 模型工具】功能选项卡，单击【3D 模型工具 - 格式】选项卡下【3D 模型视图】选项组中的【其他】按钮，在弹出下拉列表中选择【上前右视图】选项，即可更改 3D 模型的视图，效果如下图所示。

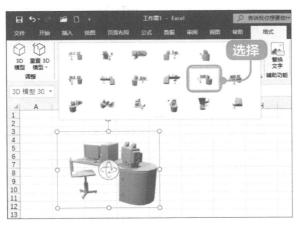

技巧 2: 将墨迹转换为数据公式

1 单击【将墨迹转换为数学公式】按钮

单击【绘图】选项卡下【转换】选项组中的【将墨迹转换为数学公式】按钮。

2 输入公式

弹出【数学输入控件】对话框，在其中手写输入公式，单击【插入】按钮。

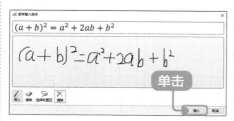

3 显示公式

可将公式插入到 Excel 工作表中。

	A	B	C	D
1				
2	$(a+b)^2 = a^2 + 2ab + b^2$			
3				
4				
5				
6				

技巧 3： 使用超链接

在工作表中可以为文本创建超链接，超链接包括链接至现有文件或网页、链接至本文档中的位置、链接至新建文档和链接至电子邮件地址 4 种。

1 单击【链接】按钮

打开 "素材 \ch04\ 添加超链接 .xlsx" 工作簿。选择 A2 单元格，单击【插入】选项卡下的【链接】选项组中的【链接】按钮。

2 选择文件位置

弹出【插入超链接】对话框，在【链接到：】区域选择【现有文件或网页】选项，然后选择【当前文件夹】选项，并在【查找范围】选择框中选择文件存储的位置，然后选择要链接到的 "链接文档 .txt" 文件，单击【屏幕提示】按钮。

3 输入屏幕提示内容

打开【设置超链接屏幕提示】对话框，在【屏幕提示文字】文本框中输入屏幕提示内容，单击【确定】按钮，返回至【插入超链接】对话框，再次单击【确定】按钮。

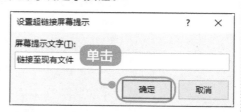

4 单击设置的超链接

返回至 Excel 工作表，即可看到 A2 单元格的内容显示为超链接形式，将鼠标光标放置在文本中，即可看到屏幕提示 "链接至现有文件"。单击设置的超链接。

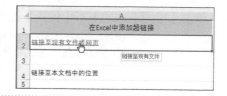

5 打开链接的文件

可打开链接的文件。

6 按【Ctrl+K】组合键

选择 A4 单元格，按【Ctrl+K】组合键。

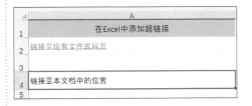

7 选择"Sheet2"

弹出【插入超链接】对话框，在【链接到：】区域选择【本文档中的位置】选项，在【请键入单元格引用】文本框中输入"A18"，在【或在此文档中选择一个位置】选择框中选择"Sheet2"。单击【确定】按钮。

8 单击 A4 单元格

返回至 Excel 工作表，并单击 A4 单元格，即可链接至"Sheet2"工作表中的 A18 单元格。

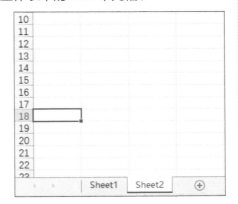

> **提示**
>
> 使用同样的方法还可链接到新建文档或电子邮件地址，这里不再赘述。

举一反三

人力资源招聘流程图主要包含艺术字的流程图名称、流程图图形、公司 Logo 及背景图片。在实际工作中还可以根据情况插入其他元素。此外，类似的工作表还有订单处理流程图、工作流程图、公司组织结构图、业绩审查周期循环图、社会人际关系图、产品系列层次图、循环示意图等。

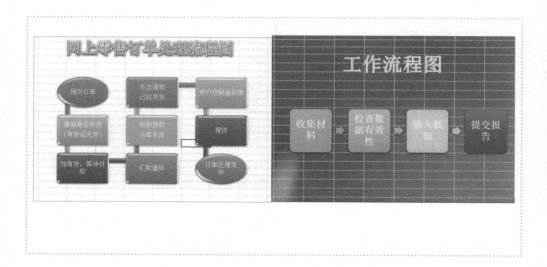

第 5 章

图表的应用与美化——制作公司月份销售图表

本章视频教学时间 / 1 小时 30 分钟

重点导读

使用图表表示数据，可以使数据更加清晰、直观和易懂，为使用数据提供了便利。

学习效果图

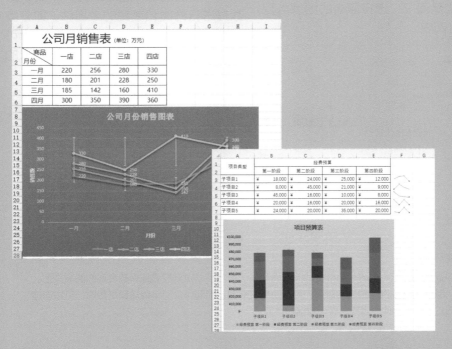

5.1 图表及其特点

本节视频教学时间 / 3 分钟

在图表中可以非常直观地反映工作表中数据之间的关系，也可以方便地对比与分析数据。使用图表表示数据，可以使结果更加清晰、直观和易懂，为使用数据提供了便利。使用图表有以下几个优点。

1 直观形象

在如下图所示的图表中，可以非常直观地显示两年同一个月收入变化的情况。

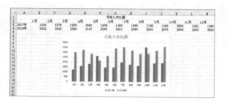

2 种类丰富

Excel 2019 提供了 16 种图表类型，每一种图表类型又有多种子类型，此外，用户还可以自己定义组合图表。用户可以根据实际情况，选择原有的图表类型或者组合图表。

3 双向联动

在图表上可以增加数据源，使图表和表格双向结合，更直观地表达丰富的含义。

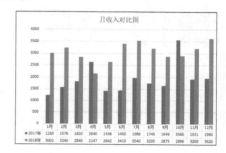

4 二维坐标

一般情况下，图表上有两个用于对数据进行分类和度量的坐标轴，即分类（X）轴和数值（Y）轴。在 X、Y 轴上可以添加标题，以便明确图表所表示的含义。

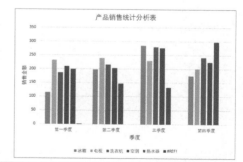

> **提示**
>
> 图表中数据的显示可以随表格数据的改变而变化。用户可以根据需要选择最合适的图表类型。例如，制作包含比例的图表的时候，可以使用饼形图，而制作公司年销售额走势时，可以创建折线图。这样才能使图表充分展现数据的特征。

5.2 创建公司月份销售图表

本节视频教学时间 / 4分钟

在 Excel 2019 中，可以创建嵌入式图表和工作表图表两种数据图表。创建图表的方法有 3 种。

1. 使用快捷键创建图表

按【Alt+F1】组合键或者按【F11】键可以快速地创建图表。按【Alt+F1】组合键可以创建嵌入式图表，按【F11】键可以创建工作表图表。

1 选择单元格区域

打开"素材 \ch05\ 公司月份销售表 .xlsx"文件，选择单元格区域 A2:F6。

公司月销售表 (单位: 万元)					
商品 月份	一店	二店	三店	四店	五店
一月	220	256	280	330	369
二月	180	201	228	250	359
三月	185	142	160	180	
四月	300	350	390	360	358

选择

2 使用快捷键创建图表

按【F11】键，即可插入一个名为"Chart1"的工作表图表，并根据所选区域的数据创建图表。

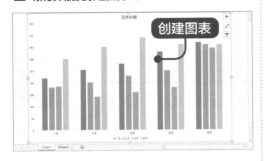

创建图表

2. 使用功能区创建图表

在 Excel 2019 的功能区中也可以方便地创建图表，具体的操作步骤如下。

1 选择【簇状柱形图】选项

选择单元格区域 A2:F6，单击【插入】选项卡下【图表】选项组中【插入柱形图或条形图】按钮，在弹出的下拉列表中选择【二维柱形图】选项组中的【簇状柱形图】选项。

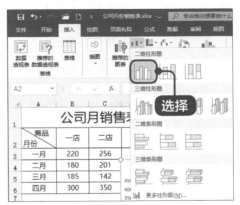

选择

2 查看效果

可在该工作表中生成一个簇状柱形图表。

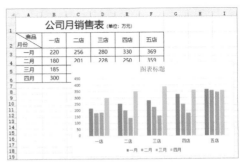

3. 使用图表向导创建图表

使用图表向导也可以创建图表，具

体的操作步骤如下。

1 单击【查看所有图表】按钮

单击【插入】选项卡下【图表】选项组中右下角的【查看所有图表】按钮 ◢。

2 选择图表

弹出【插入图表】对话框，在【所有图表】选项卡下选择【柱形图】选项，在右侧选择【簇状柱形图】，并选择任意一种图形，单击【确定】按钮。

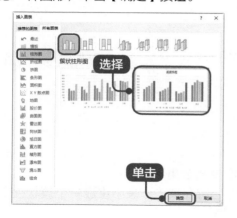

3 完成图表创建

可在当前工作表中创建一个图表。

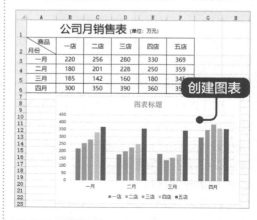

4 更改图表标题

选择【图表标题】文本框，更改标题文字为"公司月份销售图表"，效果如下图所示。

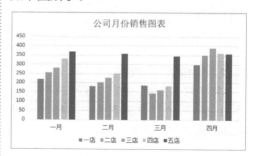

5.3 了解图表的组成

本节视频教学时间 / 14 分钟

图表主要由图表区、绘图区、标题、数据系列、坐标轴、图例和模拟运算表等组成。

5.3.1 图表区

整个图表以及图表中的数据称为图表区。在图表中，当鼠标指针停留在图表元素上方时，Excel 会显示元素的名称，以方便用户查找图表元素。

选择图表后，窗口的标题栏中将显示【图表工具】选项卡，其中包含【设计】和

【格式】2个选项卡。

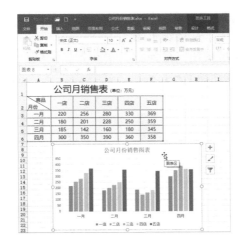

5.3.2 绘图区

绘图区主要显示数据表中的数据，绘图区中的数据会随着工作表中数据的更新而更新。

1 选择要更改的数据

选择 E5 单元格，将其中的数据更改为 "410"。

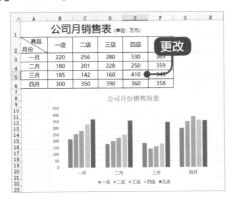

2 数据更改后绘图区也随之变化

单击图表，即可看到图表中绘图区域的显示随之改变。

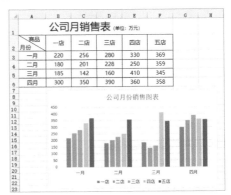

5.3.3 标题

创建图表时，可以对图表标题和坐标轴标题进行相应的设计。

> 📢 **提示**
>
> 图表标题是说明性的文本，可以自动地与坐标轴对齐或在图表顶部居中。标题有图表标题和坐标轴标题两种。坐标轴标题通常能够在图表中显示出来。有些图表类型（如雷达图）虽然有坐标轴，但不能显示坐标轴标题。

1 隐藏图表标题

选择图表，单击【图表工具】➤【设计】选项卡下【图表布局】选项组【添加图表元素】按钮的下拉按钮，在弹出的下拉列表中选择【图表标题】➤【无】选项。

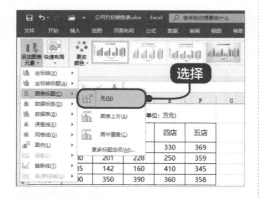

2 查看隐藏标题后效果

可看到图表中不显示图表标题后的效果。

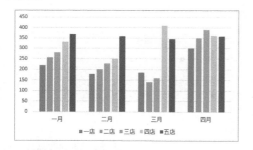

3 显示并设置标题格式

选择图表，单击【图表工具】➤【设计】选项卡下【图表布局】选项组【添加图表元素】按钮的下拉按钮，在弹出的下拉列表中选择【图表标题】➤【图表上方】选项，即可显示图标标题。在图表标题上单击鼠标右键，在弹出的快捷菜单中选择【设置图表标题格式】选项。

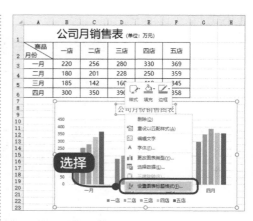

4 设置图表标题格式

打开【设置图表标题格式】窗格，设置【填充】为"纯色填充"，【颜色】为"灰色"，【边框】为"无线条"。

5 查看效果

可看到设置标题格式后的效果。

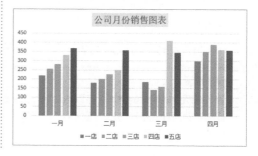

6 显示坐标轴标题

选择图表，单击【图表工具】➤【设计】选项卡下【图表布局】选项组【添加图表元素】按钮的下拉按钮，在弹出的下拉列表中选择【坐标轴标题】➤【主要横坐标轴】选项。使用同样的方法选择【主要纵坐标轴】选项。

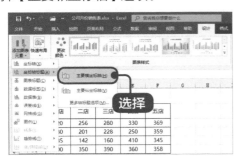

7 输入标题名称

可在图表中显示坐标轴标题文本框，在【主要横坐标轴】文本框中输入"月份"，在【主要纵坐标轴】文本框中输入"销售额"，效果如下图所示。

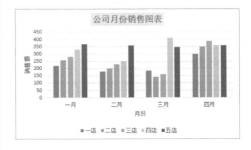

5.3.4 数据系列

在图表中绘制的相关数据点来自工作表的行和列。如果要快速标识图表中的数据，可以为图表中的数据添加数据标签。在数据标签中可以显示系列名称、类别名称和百分比等。

1 选择【数据标签外】选项

选择图表，在【设计】选项卡下，单击【图表布局】选项组中的【添加图表元素】按钮，在弹出的下拉菜单中选择【数据标签】➤【数据标签外】选项。

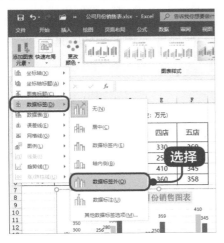

2 查看效果

可在图表中显示数据标签，如下图所示。

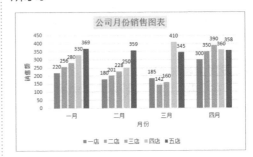

> **提示**
>
> 为防止数据标签重叠，方便阅读，可以调整数据标签在图表中的位置。当不再需要显示数据标签时，可以将其删除。添加数据标签后选择数据标签，然后按【Delete】键，即可将其全部删除。

5.3.5 坐标轴

默认情况下，Excel 会自动确定图表中坐标轴的刻度值，用户也可以自定义刻度，以满足使用需要。当在图表中绘制的数值涵盖范围非常大时，还可以将垂直坐标轴改为对数刻度。

1 选择【垂直（值）轴】选项

选择图表，在【格式】选项卡下，在【当前所选内容】选项组中的【图表区】下拉列表中选择【垂直（值）轴】选项。

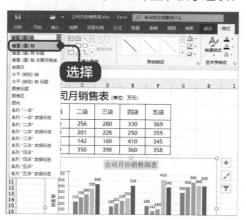

提示

坐标轴是界定图表绘图区的线条，用作度量的参照框架。y 轴通常为垂直坐标轴并包含数据，x 轴通常为水平坐标轴并包含分类。

2 设置坐标轴格式

在【格式】选项卡下，单击【当前所选内容】选项组中的【设置所选内容

格式】按钮 ，弹出【设置坐标轴格式】窗格，从中可以设置相应的格式。

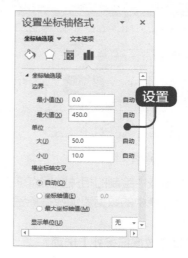

提示

XY 散点图和气泡图在水平（分类）轴和垂直（值）轴显示数值，而折线图仅在垂直（值）轴显示数值，且折线图的分类轴的刻度不像 xy 散点图中使用的数值轴的刻度那样可以更改。这些差别是确定需要使用哪一类图表的重要因素。

5.3.6 图例

图例用方框表示，用于标识图表中的数据系列所指定的颜色或图案。创建图表后，图例以默认的颜色来显示图表中的数据系列。

1 选择【设置图例格式】菜单命令

在图表中的图例上单击鼠标右键，在弹出的快捷菜单中选择【设置图例格式】选项。

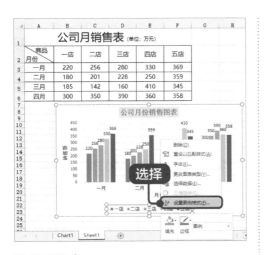

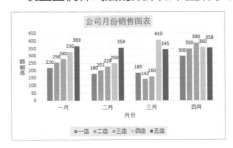

2 设置样式

弹出【设置图例格式】窗格，在【图例选项】选项卡下可以设置图例的位置，在【填充与线条】选项卡下设置【填充】为"纯色填充"、【颜色】为"灰色"、【边框】为"无线条"，设置完成，单击【关闭】按钮。

3 查看设置后的效果

设置图例样式后的效果如下图所示。

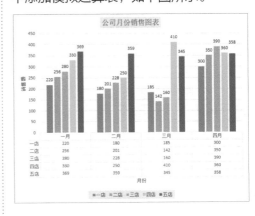

5.3.7 模拟运算表

模拟运算表是反映图表中的源数据的表格。默认的图表一般不显示模拟运算表，但是可以将其显示出来。

1 选择【无图例项标示】

选择图表，在【设计】选项卡下，单击【图表布局】选项组中的【添加图表元素】按钮，在弹出的下拉菜单中选择【数据表】➤【无图例项标示】选项。

2 查看效果

适当调整图表的大小，即可在图表中添加模拟运算表，如下图所示。

5.4 修改图表

本节视频教学时间 / 12 分钟

如果对创建的图表不满意，在 Excel 2019 中可以对图表进行相应的修改。

5.4.1 更改图表类型

如果创建的图表类型不能满足需求，可以更改图表的类型。具体的操作步骤如下。

1 单击【更改图表类型】按钮

选择图表，在【设计】选项卡下，单击【类型】选项组中的【更改图表类型】按钮。

2 选择更改类型

在弹出的【更改图表类型】对话框中选择【折线图】选项组中的一种，然

后单击【确定】按钮。

5.4.2 在图表中添加 / 删除数据

在使用图表的过程中，可以对其中的数据进行修改，如添加或删除数据等，添加或删除数据的操作步骤类似，下面以删除数据为例，介绍删除图表中数据的具体操作步骤。

1 删除数据

选择 F 列并单击鼠标右键，在弹出的快捷菜单中选择【删除】选项，删除 F 列中的数据。

商品 月份	一店	二店	三店	四店	
公司月销售表 (单位：万元)					
一月	220	256	280	330	
二月	180	201	228	250	
三月	185	142	160	410	
四月	300	350	390	360	

2 弹出对话框

选择图表，在【设计】选项卡下单击【数据】选项组中的【选择数据】按钮，弹出【选择数据源】对话框。

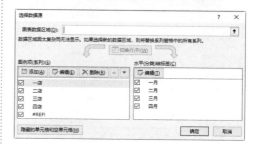

3 在图表中添加数据

单击【图表数据区域】文本框右侧的按钮，选择 A2:E6 单元格区域，然后，返回【选择数据源】对话框，可以看到"五店"数据已从【水平（分类）轴标签】列表框中删除，单击【确定】按钮。

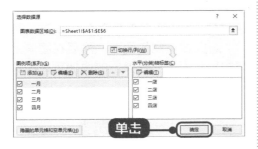

4 查看效果

此时，可以看到"五店"的数据系列从图表中删除，最终效果如下图所示。

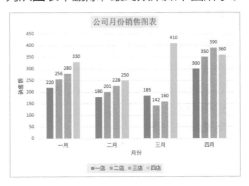

5.4.3 调整图表大小

创建图表后还可以根据实际的需求调整图表的大小。

1 拖曳调整图表大小

选择图表，图表周围会出现 8 个控制点，将鼠标指针放置在控制点上，当鼠标指针变成 ⬚ 形状时按住鼠标左键并拖曳控制点，可以调整图表的大小。

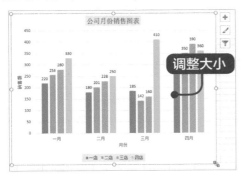

2 精确调整图大小

如要精确地调整图表的大小，可以在【格式】选项卡下【大小】选项组的【形状高度】和【相撞宽度】微调框中输入图表的高度和宽度的值，按【Enter】键确认。

> 📢 提示
>
> 单击【格式】选项卡下【大小】选项组右下角的 ⬚ 按钮，在弹出的【设置图表区格式】对话框的【大小】和【属性】选项中，可以设置图表的大小或缩放百分比。

5.4.4 移动与复制图表

通过移动图表，可以改变图表的位置；通过复制图表，可以将图表添加到其他工作表或其他文件中。

1. 移动图表

如果创建的嵌入式图表不符合工作表的布局要求，例如位置不合适、遮住了工作表的数据等，可以通过移动图表的位置来解决。

1 拖曳移动图表

选择图表，将鼠标指针放在图表的边缘，当指针变成✛形状时，按住鼠标左键拖曳到合适的位置，然后释放鼠标左键，即可移动图表的位置。

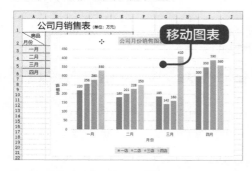

2 单击【移动图表】按钮

要把图表移动到另外的工作表中，可以在【设计】选项卡下，单击【位置】选项组中的【移动图表】按钮，在弹出的【移动图表】对话框中选择要移动到的工作表，可以选择新工作表，也可以选择已有的工作表，这里选择【新工作表】单选项，单击【确定】按钮。

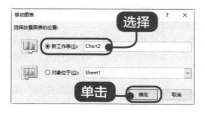

2. 复制图表

将图表复制到另外的工作表中的具体操作步骤如下。

1 选择【复制】菜单命令

选择要复制的图表，然后在图表上单击鼠标右键，在弹出的快捷菜单中选择【复制】选项。

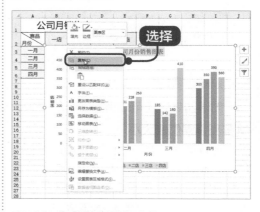

2 选择【粘贴】菜单命令

在新的工作表中单击鼠标右键，在弹出的快捷菜单中选择相应的粘贴选项，即可将图表复制到新的工作表中。

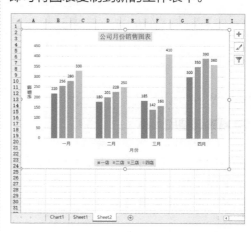

5.4.5 设置与隐藏网格线

如果对默认的网格线不满意，可以自定义网格线样式。

❶ 选择图表

选择图表，单击【格式】选项卡下【当前所选内容】选项组中【图表区】右侧的下拉按钮，在弹出的下拉列表中选择【垂直（值）轴 主要网格线】选项。

❷ 单击【设置所选内容格式】按钮

单击【当前所选内容】选项组中的【设置所选内容格式】按钮。

❸ 选中【无线条】单选按钮

弹出【设置主要网格线格式】窗格，选中【线条】组中的【无线条】单选按钮。

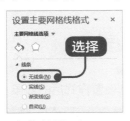

❹ 其他网格线设置选项

可隐藏所有的网格线，效果如下图所示。

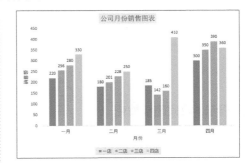

❺ 其他网格线设置选项

在【设置主要网格线格式】窗格的【效果】选项卡中选择设置网格线的【阴影】【发光】和【柔化边缘】等选项。

5.4.6 显示与隐藏图表

在工作表中创建嵌入式图表后，如果只需显示原始数据，则可把图表隐藏起来。具体的操作步骤如下。

❶ 单击【选择窗格】按钮

选择图表，在【格式】选项卡中，单击【排列】选项组中的【选择窗格】按钮，在 Excel 工作区中弹出【选择】任务窗格。

表中有多个图表，可以单击上方的【全部显示】或者【全部隐藏】按钮，显示或隐藏所有的图表。

2 显示/隐藏图标按钮

在【选择】窗格中单击【图表8】右侧的 ⌒ 按钮，即可隐藏图表。如果工作

> 📢 **提示**
>
> 在【选择】任务窗格中单击【图表8】右侧的 ⌒ 按钮，图表就会显示隐藏，当 ⌒ 按钮变成 ─ 按钮时，再次单击此按钮，图表再次显示。

5.5 美化图表

本节视频教学时间 / 5 分钟 🎞

为了使图表更美观，用户可以通过设置图表的格式来实现。Excel 2019 提供了多种图表格式，直接套用即可快速地美化图表。

5.5.1 设置图表的格式

设置图表的格式是为了突出显示图表，对其外观进行美化。

1 选择图表样式

选择图表，单击【设计】选项卡下【图表样式】选项组中的【其他】按钮，在弹出的下拉列表中选择任意一种样式，这里选择【样式8】选项。

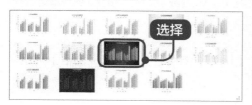

2 显示效果

可看到设置样式后的效果。

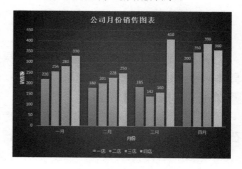

3 自定义图表样式

单击【格式】选项卡下【形状样式】选项组中的【设置形状格式】按钮 。弹出【设置图表区格式】窗格，可以自定义图表样式，设置完成单击【关闭】按钮。

4 查看效果

返回 Excel 工作簿之后即可查看设置图表后的效果。

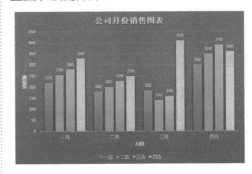

提示

分别单击【形状样式】选项组中的【形状填充】【形状轮廓】和【形状效果】3 个按钮，可以分别自定义设置图表的填充样式、边框样式和特殊效果样式。

5.5.2 美化图表文字

图表中通常会包含一些文字信息，用于对图表进行注释，用户可以根据需要对这些文字进行美化。

1 选择文字

选择图表中的图表标题文本框。

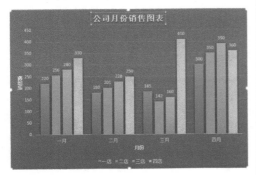

2 设置文字样式

单击【格式】选项卡下【艺术字样式】选项组中的【快速样式】按钮，在弹出的下拉列表中选择需要的样式。

3 查看效果

为图表标题文字添加艺术字效果后的效果如下图所示。

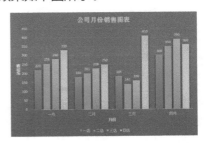

5.6 图表分析

本节视频教学时间 / 11 分钟

使用 Excel 不但可以插入图表，还可以为图表添加趋势线、折线、涨／跌柱线、误差线等辅助线来分析图表。

5.6.1 添加趋势线

当绘制图表时，可能要绘制数据趋势线对数据进行描述。趋势线指出了数据的发展趋势。在一些情况下，可以通过趋势线预测出其他的数据。

添加趋势线的具体步骤如下。

1 选择要添加趋势线的数据系列

选择工作表中的"一店"数据系列。

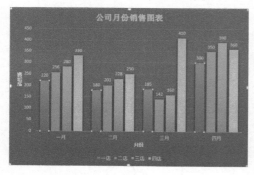

2 选择【趋势线】选项

单击【设计】选项卡下【图表布局】选项组中的【添加图表元素】按钮，在弹出的下拉菜单中选择【趋势线】➤【线性】选项。

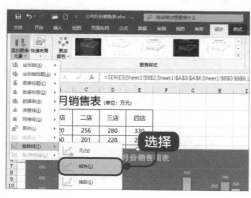

3 查看效果

可看到为"一店"数据系列添加了趋势线。

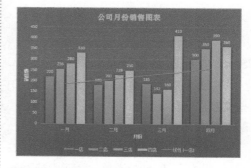

4 添加其他分店趋势线

依次选择"二店""三店""四店"数据系列，为其添加趋势线。

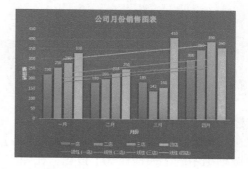

5 美化趋势线

选择要美化的趋势线并单击鼠标右

键，在弹出的快捷菜单中选择【设置趋势线格式】命令，弹出【设置趋势线格式】窗格，从中可以定义趋势线的类型，设置线条颜色、线型、阴影、发光和柔化边缘等选项。

6 查看效果

设置完成，单击【关闭】按钮，即可查看美化趋势线后的效果。

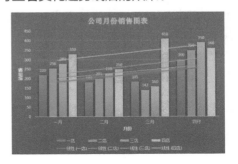

> **提示**
> 选择添加的趋势线，按【Delete】键可以将趋势线删除。

5.6.2 添加线条

为折线图表添加线条可以更快速、准确地查看折点，具体操作步骤如下。

1 更改图表类型

选择图表，单击【设计】选项卡下【类型】选项组中的【更改图表类型】按钮，在【更改图表类型】对话框中选择【带数据标记的折线图】图表类型。单击【确定】按钮，效果如下图所示。

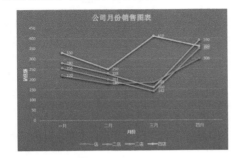

2 单击【垂直线】选项

选择图表，单击【设计】选项卡【图表布局】选项组中的【添加图表元素】按钮，在弹出的下拉菜单中单击【线条】➤【垂直线】选项。

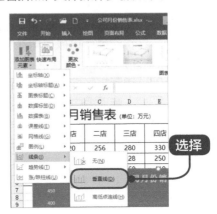

3 查看效果

图表中将显示垂直线，如下图所示。

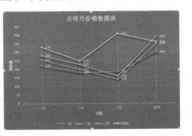

4 选择【高低点连线】菜单命令

单击【设计】选项卡【图表布局】选项组中的【添加图表元素】按钮，在弹出的下拉菜单中单击【线条】➤【高低点连线】选项。

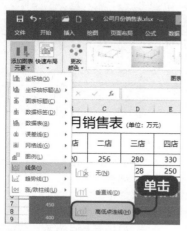

5 查看效果

图表中将显示高低点连线，效果如下图所示。

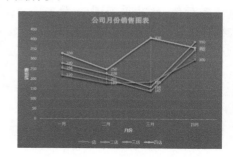

提示

【垂直线】菜单命令：在面积图或者折线图中显示垂直线。

【高低点连线】菜单命令：在二维折线图中显示高低点连线。

5.6.3 添加涨 / 跌柱线

涨 / 跌柱线是指同一系列最高值和最低值数据差异的柱形线，涨柱线为白色，跌柱线为黑色，在折线图中可以使用涨 / 跌柱线。

1 单击【折线图】选项

选择 A2:F4 单元格区域，单击【插入】选项卡下【图表】选项组中的【折线图】选项，在弹出的下拉列表选择【带数据标记的折线图】选项，修改折线图的坐标轴名称，如下图所示。

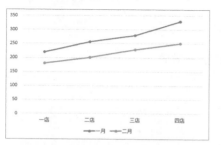

2 单击【涨 / 跌柱线】选项

单击【设计】选项卡【图表布局】选项组中的【添加图表元素】按钮，在

弹出的下拉菜单中选择【涨 / 跌柱线】➤【涨 / 跌柱线】选项。

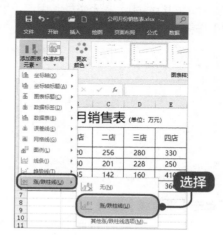

3 添加涨 / 跌柱线

可添加"一月"与"二月"的涨 / 跌柱线。

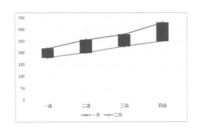

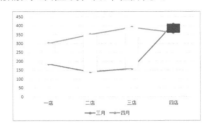

月"数据内容，创建其折线图后，为其添加涨 / 跌柱线，如下图所示。

4 添加其他月份的【涨 / 跌柱线】

在工作区中选择"标题""三月""四

5.6.4 添加误差线

误差线是代表数据系列中每一数据潜在误差的图形线条，常用的是 Y 误差线。误差线只适用于面积图、条形图、柱形图、折线图和 XY 散点图。

1 单击【标准误差】选项

选择图表，在折线图中选择"一店"数据系列，单击【设计】选项卡下【图表布局】选项组中的【添加图表元素】按钮，在弹出的下拉菜单中单击【误差线】➤【标准误差】选项。

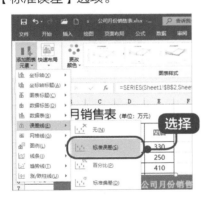

2 选择误差线类型

可看到添加误差线后的效果，如下图所示。

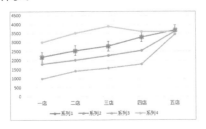

3 完成误差线的添加

依次选择"二店""三店""四店"数据类型，分别为其添加百分比误差线、标准偏差误差线，最后将工作簿保存为"公司月份销售表 .xlsx"。

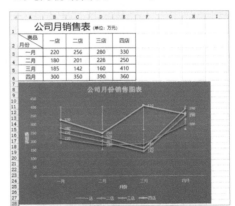

📢 **提示**

【标准误差】误差线：Excel 计算数据系列的标准误差，并显示误差线。

【百分比】误差线：可以设置所选数据上下波动的百分比，并显示误差线。

【标准偏差】误差线：可以指定标准偏差值，然后 Excel 根据指定的标准偏差值计算数据系列的标准偏差，并显示误差线。

5.7 创建其他图表

本节视频教学时间 / 38 分钟

Excel 提供了多种图表类型，不同类型的图表所表现的重点不同，下面就来介绍创建其他类型的图表的方法。

5.7.1 创建折线图

折线图可以显示随时间变化（根据常用比例设置）而变化的连续数据，因此非常适用于显示在相等时间间隔下的数据变化趋势。在折线图中，类别数据沿水平轴均匀分布，所有值数据沿垂直轴均匀分布。折线图包括折线图、堆积折线图、百分比堆积折线图、带数据标记的堆积折线图、带数据标记的百分比堆积折线图和三维折线图。

下面用折线图来描绘食品销量的波动情况，具体操作步骤如下。

1 创建折线图

打开"素材 \ch05\ 折线图 .xlsx"文件，择 A2:C8 单元格区域，单击【插入】选项卡下【图表】选项组中的【插入折线图或面积图】按钮，在弹出的下拉菜单中选择【带数据标记的折线图】选项。

2 查看效果

可创建带数据标记的折线图，更改图表标题为"食品销量表"，效果如下图所示。

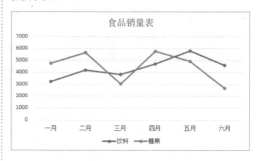

5.7.2 创建饼图

饼图可用于显示一个数据系列中各项的大小与各项总和之间的比例关系。在工作中，如果遇到需要计算总费用或金额的各个部分的构成比例的情况，一般都是通过各个部分与总额相除来计算，但是这种比例表示方法很抽象，因此可以使用饼图，直接以图形的方式显示各个组成部分所占的比例。饼图包括饼图、三维饼图、复合饼图、复合条饼图和圆环图。

下面用饼图来显示公司费用的支出情况，具体操作步骤如下。

1 选择【三维饼图】菜单命令

打开"素材 \ch05\ 饼图 .xlsx"文件，选择 A1:B9 单元格区域，在【插入】选项卡下，单击【图表】选项组中的【插入饼图或圆环图】按钮，在弹出的下拉菜单中选择【三维饼图】选项。

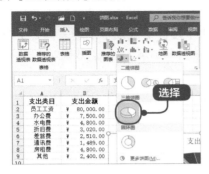

2 查看效果

可看到创建的饼图，效果如下图所示。

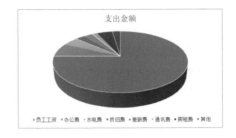

5.7.3 创建条形图

条形图可以显示各个项目之间的比较情况，与柱形图相似，但是又有所不同，条形图显示为水平方向，柱形图显示为垂直方向。柱形图包括簇状条形图、堆积条形图、百分比堆积条形图、三维簇状条形图、三维堆积条形图和三维百分比堆积条形图。

下面以销售业绩表为例，创建一个条形图。

1 选择条形图类型

打开"素材 \ch05\ 条形图 .xlsx"文件，选择 A2:E7 单元格区域，单击【插入】选项卡下【图表】选项组中的【插入柱形图或条形图】按钮，在弹出的下拉菜单中选择任意一种条形图的类型。

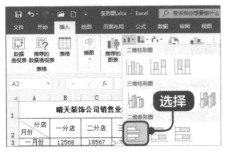

2 查看效果

可在当前工作表中创建一个簇状条形图表，更改图表标题为"销售业绩表"，效果如下图所示。

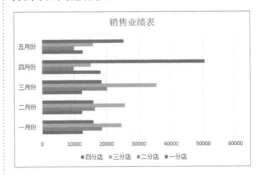

5.7.4 创建面积图

在工作表中，以列或行的形式排列的数据可以绘制为面积图。面积图可用于绘制随时间发生变化的变量，用于引起人们对总值趋势的关注。通过显示所绘制的值的总和，面积图还可以显示部分与整体的关系。例如，表示随时间而变化的销售数据。面积图包括面积图、堆积面积图、百分比堆积面积图、三维面积图、三维堆积面积图和三维百分比堆积面积图。

下面以面积图显示各销售区域在各季度的销售情况，具体操作步骤如下。

1 选择面积图类型

打开"素材 \ch05\ 饼图 .xlsx"文件，选择 A1:E6 单元格区域，单击【插入】选项卡下【图表】选项组中的【插入折线图或面积图】按钮，在弹出的下拉菜单中选择任意一种面积图的类型。

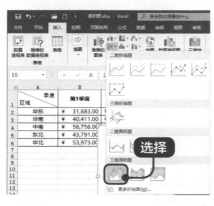

2 设置图表样式

更改图表标题为"区域销量表"，单击【设计】选项卡【图表样式】选项组中的【样式 4】选项，效果如下图所示。

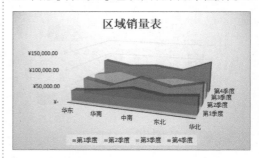

5.7.5 创建 XY 散点图

XY 散点图表示因变量随自变量变化而变化的大致趋势，据此可以选择合适的函数对数据点进行拟合。如果要分析多个变量间的相关关系，可以利用散点图矩阵来同时绘制各自变量间的散点图。

XY 散点图（气泡图）包括散点图、带平滑线和数据标记的散点图、带平滑线的散点图、带直线和数据的散点图、带直线的散点图、气泡图和三维气泡图。

下面以 XY 散点图描绘各区域的销售完成情况，具体操作步骤如下。

1 选择散点图类型

打开"素材 \ch05\XY 散点图 .xlsx"文件，选择 C1:C7 单元格区域，单击【插入】选项卡下【图表】选项组中的【插入散点图或气泡图】按钮，在弹出的下拉菜单中选择任意一种散点图类型。

2 查看效果

即可在当前工作表中创建一个散点图，如下图所示。

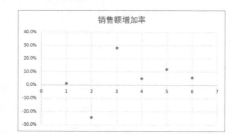

5.7.6 创建圆环图

圆环图的作用类似于饼图，用来显示部分与整体的关系，但它可以显示多个数据系列，并且每个圆环代表一个数据系列。

下面以圆环图描绘各季度的销售情况，具体操作步骤如下。

1 选择圆环图类型

打开"素材\ch05\圆环图.xlsx"文件，选择 A1:B5 单元格区域，单击【插入】选项卡下【图表】选项组中的【插入饼图或圆环图】按钮，在弹出的下拉列表中选择【圆环图】选项。

2 查看效果

可在当前工作表中创建一个圆环图，如下图所示。

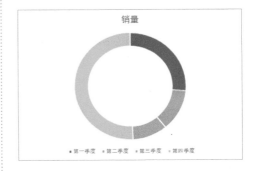

5.7.7 创建股价图

股价图可以显示股价的波动，以特定顺序排列在工作表的列或行中的数据可以绘制为股价图，不过这种图表也可以显示其他数据（如日降雨量和每年温度）的波动，用户必须按正确的顺序组织数据才能创建股价图。股价图包括盘高-盘低-盘图、开盘-盘高-盘低-收盘图、成交量-盘高-盘低-收盘图、成交量-开盘-盘高-盘低-收盘图等。

使用股价图显示股价涨跌的具体步骤如下。

1 选择股价图类型

打开"素材\ch05\股价图.xlsx"文件，选择数据区域的任一单元格，单击【插入】选项卡下【图表】选项组中的【插入瀑布图、漏斗图、股价图、曲面图或雷达图】按钮，在弹出的下拉菜单中选择【股价图】组中的【开盘-盘高-盘低-收盘图】图表类型。

2 查看效果

可在当前工作表中创建一个股价图，设置【图表标题】为"股价图"，如右图所示。

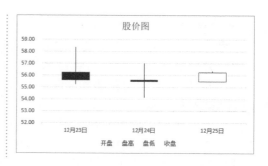

5.7.8 创建曲面图

曲面图实际上是折线图和面积图的另一种形式，曲面图有 3 个轴，分别代表分类、系列和数值。在工作表中，以列或行的形式排列的数据可以绘制为曲面图，找到两组数据之间的最佳组合。

创建一个成本分析的曲面图的具体步骤如下。

1 选择圆环图类型

打开"素材 \ch05\ 曲面图 .xlsx"文件，选择 A1:I7 单元格区域，单击【插入】选项卡下【图表】选项组中的【插入瀑布图、漏斗图、股价图、曲面图或雷达图】按钮，在弹出的下拉列表中选择一种曲面图类型。

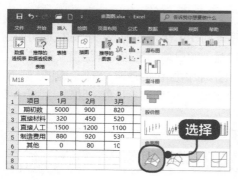

2 查看效果

可在当前工作表中创建一个曲面图，更改【图表标题】为"成本分析"，效果如下图所示。

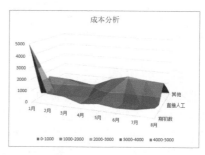

> **提示**
>
> 从曲面图中，可以看到每个成本价格在不同时期内的使用情况。曲面中的颜色和图案用来指示在同一取值范围内的区域。

5.7.9 创建雷达图

雷达图是专门用来进行多指标体系比较分析的专业图表。从雷达图中，可以看出指标的实际值与参照值的偏离程度，从而为分析者提供有益的信息。雷达图通常由一组坐标轴和三个同心圆构成，每个坐标轴代表一个指标。在实际运用中，可以将实际值与参考的标准值进行计算比值，以比值大小来绘制雷达图，以比值在雷达图的位置进行分析评价。雷达图包括雷达图、带数据标记的雷达图、填充雷达图。

创建一个产品销售情况的雷达图的具体步骤如下。

1 选择雷达图类型

打开“素材 \ch05\ 雷达图 .xlsx”文件，选择 A2:D14 单元格区域，单击【插入】选项卡下【图表】选项组中的【插入瀑布图、漏斗图、股价图、曲面图或雷达图】按钮，在弹出的下拉列表中选择一种雷达图类型。

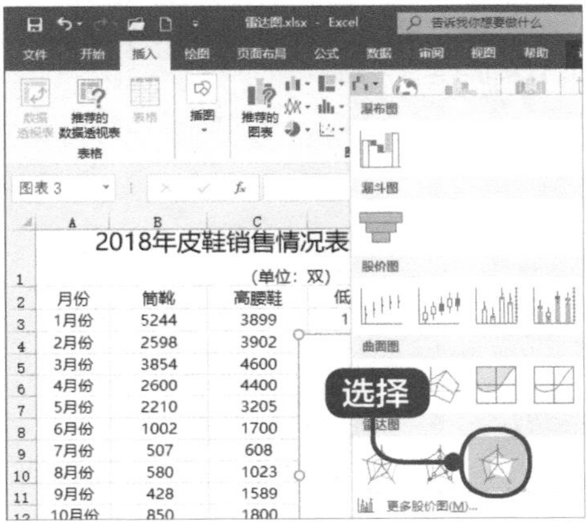

2 查看效果

可在当前工作表中创建一个雷达图，如下图所示。

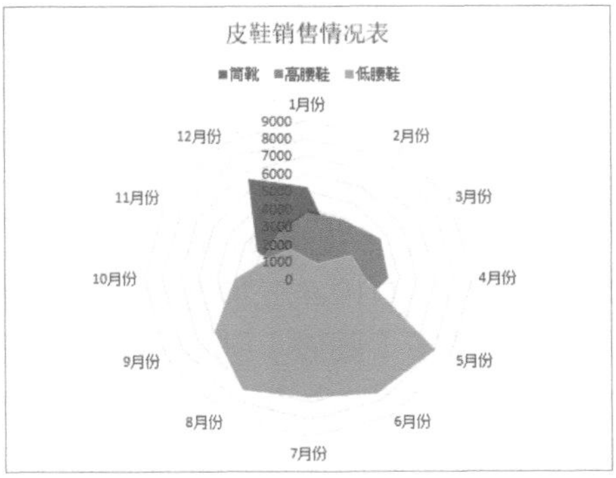

提示

从雷达图中可以看出，每个分类都有一个单独的轴线，轴线从图表的中心向外伸展，并且每个数据点的值均被绘制在相应的轴线上。

5.7.10 创建树状图

树状图提供数据的分层视图，方便比较分类的不同级别。树状图可以按颜色和接近度显示类别，并可以轻松显示大量数据，而其他图表类型难以做到。当层次结构内存在空（空白）单元格时可以绘制树状图，树状图非常适合比较层次结构内的比例。

以树状图表示图书销售情况表，具体步骤如下。

1 选择树状图类型

打开“素材 \ch05\ 树状图 .xlsx”文件，选择数据区域任意单元格，单击【插入】选项卡下【图表】选项组中的【插入层次结构图表】按钮，在弹出的下拉菜单中选择【树状图】选项。

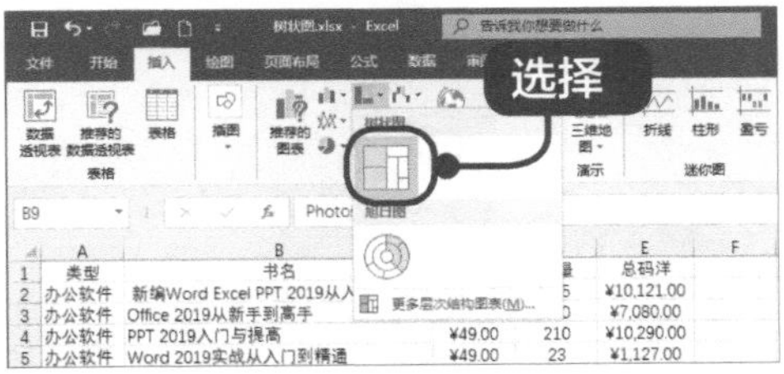

2 查看效果

可在当前工作表中创建一个树状图，设置【图表标题】为“图书销售情况表”，效果如下图所示。

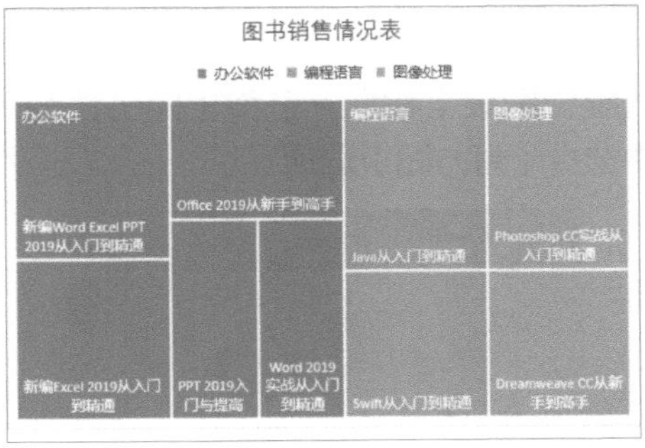

5.7.11 创建旭日图

旭日图非常适合显示分层数据，当层次结构内存在空（空白）单元格时可以绘制。层次结构的每个级别均通过一个环或圆形表示，最内层的圆表示层次结构的顶级，不含任何分层数据（类别的一个级别）的旭日图与圆环图类似，但具有多个级别的类别的旭日图显示外环与内环的关系。旭日图在显示一个环如何被划分为作用片段时最有效。

以旭日图表示不同季度、月份产品销售额所占比，具体步骤如下。

1 选择旭日图类型

打开"素材 \ch05\ 旭日图 .xlsx"文件，选择 A1:D19 单元格区域，单击【插入】选项卡下【图表】选项组中的【插入层次结构图表】按钮，在弹出的下拉菜单中选择【旭日图】选项。

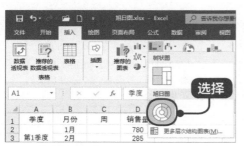

2 查看效果

可在当前工作表中创建一个旭日图，如下图所示。

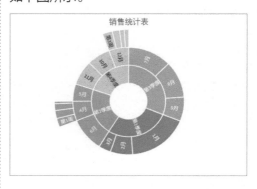

5.7.12 创建直方图

直方图类似于柱形图，由一系列高度不等的纵向条纹或线段组成，图表中的每一列称为箱，表示频数，可以清楚地显示各组频数分布情况及差别，包括直方图和排列图两种图表类型。

下面以直方图显示考试成绩分数分布情况表，具体步骤如下。

1 选择直方图类型

打开"素材 \ch05\ 直方图 .xlsx"文件，选择 A1:B11 单元格区域，单击【插入】选项卡下【图表】选项组中的【插入统计图表】按钮，在弹出的下拉列表中选择【直方图】选项。

2 查看效果

可在当前工作表中创建一个直方图，如下图所示。

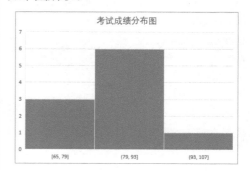

5.7.13 创建箱型图

箱形图，又称为盒须图、盒式图或箱线图，显示数据到四分位点的分布，突出显示平均值和离群值。箱形可能具有可垂直延长的名为"须线"的线条，这些线条指示超出四分位点上限和下限的变化程度，处于这些线条或须线之外的任何点都被视为离群值。当有多个数据集以某种方式彼此相关时，就可以使用箱形图。

1 选择箱型图类型

打开"素材 \ch05\ 箱型图 .xlsx"文件，选择单元格区域 A1:B13，单击【插入】选项卡下【图表】选项组中的【插入统计图表】按钮，在弹出的下拉菜单中选择箱形图。

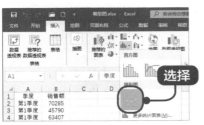

2 查看效果

可在当前工作表中创建一个箱型图，如下图所示。

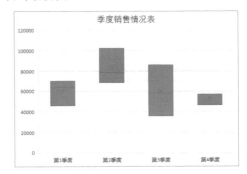

5.7.14 创建瀑布图

瀑布图是柱形图的变形，悬空的柱子代表数据的增减，在处理正值和负值对初始值的影响时，采用瀑布图非常适用，它可以直观地展现数据的增减变化。

以瀑布图反映投资收益情况，具体步骤如下。

1 选择瀑布图类型

打开"素材 \ch05\ 瀑布图 .xlsx"文件，选择 A1:B14 单元格区域，单击【插入】选项卡下【图表】选项组中的【插入瀑布图、漏斗图、股价图、曲面图或雷达图】按钮，在弹出的下拉菜单中选择瀑布图。

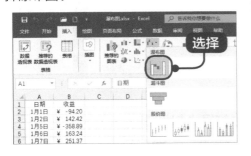

2 查看效果

可在当前工作表中创建一个瀑布图，更改【图表标题】为"投资收益图表"，制作完成的瀑布图如下图所示。

5.7.15 创建漏斗图

漏斗图又叫倒三角图，由堆积条形图演变而来。该图形多用于进行业务流程比较规范、周期长、环节多的数据分析，能直观地发现和说明问题在哪里。

1 选择漏斗图类型

打开"素材 \ch05\ 漏斗图 .xlsx"文件，选择数据区域任意单元格，单击【插入】选项卡下【图表】选项组中的【插入瀑布图、漏斗图、股价图、曲面图或雷达图】按钮，在弹出的下拉菜单中选择漏斗图。

2 查看效果

可在当前工作表中创建一个漏斗图，这里设置【图表标题】为"应聘流程图表"，根据需要设置数据系列的字体样式，效果如下图所示。

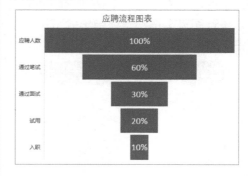

5.7.16 创建组合图表

为了便于直观分析，突出显示不同的信息，有时需要在一张图表中显示多种图表类型。下面以"簇状柱形图 - 折线图"组合图表为例介绍创建组合图表的方法，具体操作步骤如下。

1 选择箱型图类型

打开"素材 \ch05\ 组合图表 .xlsx"文件，选择数据区域任意单元格，单击【插入】选项卡下【图表】选项组中的【插入组合图】按钮，在弹出的下拉菜单中选择【簇状柱形图 - 折线图】选项。

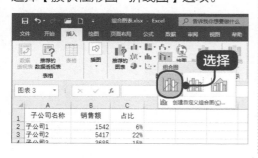

2 设置图表标题

可在当前工作表中创建一个组合图表，设置【图表标题】为"子公司销售表"，如下图所示。

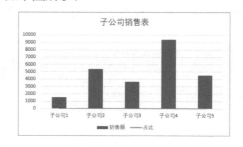

3 选择"占比"数据系列

选择"占比"数据系列并单击鼠标

右键，在弹出的快捷菜单中选择【设置数据系列格式】选项。

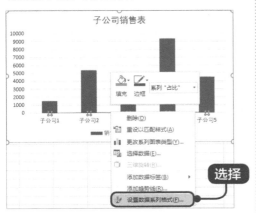

5 查看效果

完成组合图表的创建后，效果如下图所示。

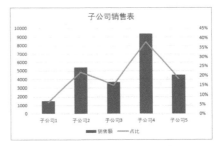

4 设置数据系列格式

打开【设置数据系列格式】窗格，单击选中【系列选项】区域中的【次坐标轴】单选项。

高手私房菜

技巧 1：如何创建迷你图

迷你图是 Excel 2019 中的新功能，用于在一个单元格中创建小型图表来快速呈现数据的变化趋势。这是一种突出显示重要数据趋势（如季节性升高或下降）的快速简便的方法，可以节省大量的时间。

1 单击【折线图】按钮

打开"素材 \ch05\ 迷你图 .xlsx"文件，选择 F3 单元格，单击【插入】选项卡下【迷你图】选项组中的【折线】按钮。

2 选择数据源

打开【创建迷你图】对话框，设置【数据范围】为"B3:D3"，单击【确定】按钮。

3 查看效果

可在 E3 单元格中创建迷你折线图。

公司销售业绩表				
月份\分店	一分店	二分店	三分店	四分店
一月份	12568	18567	24586	15962
二月份	12365	16452	25698	15896
三月份	12458	20145	35632	18521
四月份	18265	9876	15230	50420
五月份	12698	9989	15896	25390

📢 提示

使用同样的方法，还可以创建迷你柱形图和盈亏图。

技巧 2：将图表变为图片

将图表变为图片，在某些情况下有特殊的作用，比如发布到网页上或者粘贴到 PPT 上。具体的操作步骤如下。

1 复制图表

选择图表后，按 【Ctrl+C】组合键复制图表。

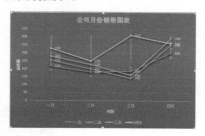

2 选择【图片】选项

单击【开始】选项卡下【剪贴板】选项组中【粘贴】按钮的下拉按钮，在弹出的下拉列表中选择【图片】选项，即可将图表粘贴为图片形式。

举一反三

图表是一种比较形象而又直观的表达形式。不同单位的工作表数据有所不同，但都可以图表形式表示出数据的大小及增减情况，通过对图表的美化，不仅可以使图表更美观，还可以便于对图表进行查看和分析。除了公司月份销售图表外，还有项目预算表、产品季度销量图、食品年产量表、个人年收入等以图表形式直观表达的图表类型。

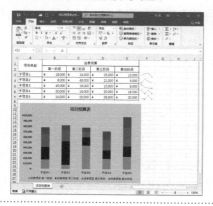

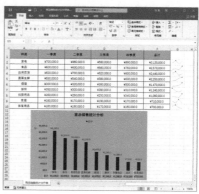

第6章

使用公式快速计算——制作工程倒计时牌

本章视频教学时间 / 34 分钟

重点导读

公式是 Excel 的重要组成部分，有着非常强大的计算功能，为用户分析和处理工作表中的数据提供了很大的方便。本章通过公式的输入和使用来制作工程倒计时牌。

学习效果图

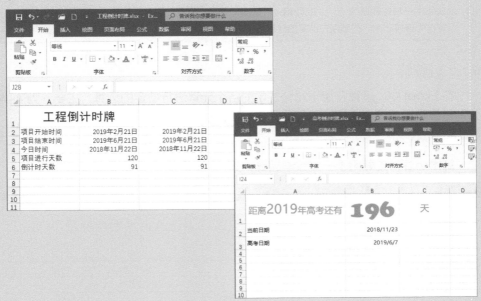

6.1 公式概述

本节视频教学时间 / 4 分钟

公式是 Excel 的重要组成部分之一，它为分析和处理工作表中的数据提供了很大的方便，例如，对数据进行简单的加、减、乘、除等运算。

6.1.1 基本概念

我们都接触过数学，对公式也有一定的了解，公式就是一个等式，是由数据和运算符号组成的。但是在 Excel 中，使用公式时必须以 "=" 开头，后面由数据和运算符组成。

以下两个例子体现了 Excel 公式的语法，即公式以 "=" 开头，后面紧跟着运算数和运算符。运算数可以是常数、单元格引用、单元格名称和工作表函数等。

> **提示**
>
> 函数是 Excel 软件内置的一段程序，或者说是一种内置的公式，具有完成预定的计算的功能。公式是用户根据数据的统计、处理和分析的实际需要，利用函数式、引用、常量等参数，通过运算符号连接起来，得到用户所需的计算功能的一种表达式。

6.1.2 运算符

在 Excel 中，运算符用于对公式中的各个元素进行特定的运算，主要分为 4 类，分别是算数运算符、比较运算符、文本运算符和引用运算符。

1. 算术运算符

算术运算符主要用于一些数学运算，其含义如下。

算术运算符名称	含义	示例
+（加号）	加	1+2
-（减号）	减或负号	2+1 或 -2
/（除号）	除	4/2
*（乘号）	乘	2*3
%（百分号）	百分比	30%
^（脱字符）	乘幂	2^3

2. 比较运算符

比较运算符主要用于数值的比较，其组成和含义如下。

比较运算符名称	含义	示例
=（等号）	等于	A1=B2
>（大于号）	大于	A1>B2
<（小于号）	小于	A1<B2
>=（大于等于号）	大于等于	A1>=B2
<=（小于等于号）	小于等于	A1<=B2
<>（不等号）	不等于	A1<>B2

3. 文本运算符

文本运算符只有一个文本串联符"&"，用于将两个或两个以上的字符连接起来，其含义如下。

文本运算符名称	含义	示例
&（连字符）	将两个文本连接起来产生连续的文本	"我爱"&"祖国"生成"我爱祖国"

4. 引用运算符

引用运算符主要用于合并单元格区域，其主要含义如下。

引用运算符	含义	示例
:（冒号）	区域运算符，对两个引用之间，包括这两个引用在内的所有单元格进行引用	A1:E1 意为引用从 A1 到 E1 的所有单元格
,（逗号）	联合运算符，将多个引用合并为一个引用	SUM（A1:E1，B2:F2） 意为将 A1:E1 和 B2:F2 合并到一起
（空格）	交叉运算符，产生同时属于两个引用的单元格区域的引用	SUM(A1:F1.B1:B3) 仅计算两个引用 A1:F1 和 B1:B3 交叉的单元格区域，即 B1 单元格中的值。

6.1.3 运算符优先级

运算公式时运算步骤有先后顺序，在 Excel 里也是这样，如果一个公式由多个运算符号组成，则 Excel 会根据下表所示的先后顺序进行运算。如果想改变公式中的运算优先级，可以使用括号"（ ）"来实现。

运算符（优先级从高到低）	说明
:（冒号）	域运算符
,（逗号）	联合运算符
（空格）	交叉运算符
−（负号）	负数
%（百分号）	百分比
^（脱字符）	乘幂
* 和 /	乘和除
+ 和 −	加和减
&	文本运算符
=，>，<，>=，<=，<>	比较运算符

6.2 工程倒计时牌设计分析

本节视频教学时间 / 7 分钟

工程倒计时牌从未来某一时刻（项目结束日期）往现在（当前日期）计算时间，用来表示距离项目结束日期还有多长时间。其主要目的是直观地显示项目剩余时间，让整个工程团队拥有时间概念，从而提高工作效率。

在制作工程倒计时牌之前，首先需要了解项目开始时间、项目结束时间以及参与项目人员等信息。了解之后，就可以使用 Excel 2019 制作工程倒计时牌了。

在制作工程倒计时牌的过程中，要注意区分文本格式、常规格式、日期和时间格式等常见数据格式的使用。此外，适当地运用公式，可以达到事半功倍的效果。

① 新建工作簿

启动 Excel 2019，新建一个空白工作簿，将其保存为"工程倒计时牌 .xlsx"，在 A1:B6 单元格区域输入如下内容，然后适当调整列宽。

	A	B
1	工程倒计时牌	
2	项目开始时间	2019年2月21日
3	项目结束时间	2019年6月21日
4	今日时间	2018年11月22日
5	项目进行天数	
6	倒计时天数	
7		
8		
9		

输入

② 输入信息

选择单元格区域 A1:B1，设置合并并居中，并设置单元格中文本的【字体】为"黑体"、【字号】为"20"号，根据需要设置其他单元格的样式。

	A	B	C
1	工程倒计时牌		
2	项目开始时间	2019年2月21日	
3	项目结束时间	2019年6月21日	
4	今日时间	2018年11月22日	
5	项目进行天数		
6	倒计时天数		
7			
8			
9			

设置样式

提示

输入时间时，需要用特定的格式进行定义，日期和时间同样可以参与运算。Excel 内置了自己的日期与时间的格式，当输入的数据与所选择的格式相匹配时，Excel 将自动识别。此外，也可以在【单元格】选项组中的【格式】下拉列表中选择【设置单元格格式】选项对单元格格式进行设置。

6.3 输入公式

本节视频教学时间 / 3 分钟

输入公式时，以等号"="开头，以表示 Excel 单元格中含有公式而不是文本。公式中可以包含各种算术运算符、常量、变量、函数、单元格地址等，在单元格中输入公式的方法有手动输入和单击输入等。

6.3.1 单击输入

单击输入更加简捷，只需输入运算符，其余的用鼠标单击就行，不容易出错。在"工程倒计时牌"工作表中就可以使用单击输入的方法计算项目进行天数，具体操作步骤如下。

1 单击单元格 B5

单击单元格 B5，输入"="。

2 单击单元格 B3

单击单元格 B3，单元格 B3 周围会显示一个活动虚框，同时单元格引用会出现在单元格 B5 和编辑栏中。

3 在单元格 B5 中输入减号"−"

在单元格 B5 中输入减号"−"，则单元格 B3 的虚线边框会变为实线边框。

4 单击单元格 B2

单击单元格 B2。

5 查看效果

设置完成后，按【Enter】键即可得出结果。

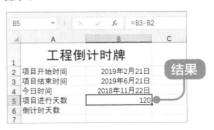

127

> 📢 提示
>
> 在编辑栏中的 3 个工具按钮分别是 ✕（取消）、✓（输入）、*fx*（插入函数）。

6.3.2 手动输入

手动输入公式是指人工逐一输入数据从而完成计算。

1 输入公式

在 B6 单元格中先输入"="，然后输入"B3-B4"。输入时字符会同时出现在单元格和编辑栏中。

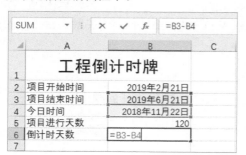

2 显示计算结果

输入完毕之后，按【Enter】键即可显示结果"211"天。

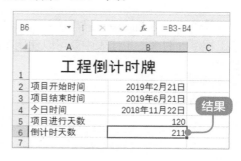

6.4 编辑公式

本节视频教学时间 / 1 分钟

单元格的公式和其他数据一样可以进行编辑。要编辑公式中的内容，需要先转换到公式编辑模式下。如果发现公式输入有错误，也可以修改公式。

1 双击 B6 单元格

双击 B6 单元格，即可显示该单元格中的公式，将公式"=B3-B4"改为"=B2-B4"。

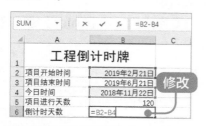

2 修改公式

按【Enter】键确认，即可完成公式的修改。

> 📢 提示
>
> 也可按【F2】键激活单元格编辑状态，在其内部编辑公式内容。

6.5 添加精确计算

本节视频教学时间 / 3分钟

为了更准确地理解事件的计算过程，并了解事件的后台工作，下面为日期添加精确计算。其计算过程在后台完成，前台是看不到的。在"工程倒计时牌"工作簿中使用精确计算，可以将计算结果更直观地展现出来。

■ 复制所选内容

选择单元格区域 B2:B6，单击鼠标右键并复制所选内容。

② 粘贴内容

单击单元格 C2，然后单击鼠标右键并粘贴内容。

③ 选择【常规】选项

选中 C2:C6 单元格区域，单击鼠标右键，在弹出的快捷菜单中选择【设置单元格格式】选项，在弹出的【单元格格式】对话框中选择【数字】选项卡下的【常规】选项。

④ 单击【确定】按钮

单击【确定】按钮，可以看到C2:C6 单元格区域中显示的数字，这些数字是转换为相应日期格式之前的计算结果。

> 📣 提示
>
> 设置完成后，C2:C4 单元格区域将显示为数字，选择 C2:C4 单元格区域，在【设置单元格格式】对话框中选择日期，将其设置为日期格式。

5 保存工作簿

单击"工程倒计时牌.xlsx"工作表快速访问栏中的【保存】按钮，保存工作表。

6 选择【关闭】菜单命令

在 Excel 窗口左上角单击【文件】选项卡，在弹出的下拉菜单中选择【关闭】菜单命令。

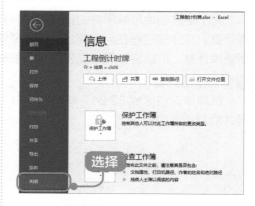

6.6 其他公式运算

本节视频教学时间 / 10 分钟

工程倒计时牌所使用的都是一些比较简单的运算方式，数据较少。下面介绍其他的公式运算。

6.6.1 使用公式快速计算员工工资

本小节以制作工资明细为例，简单介绍使用公式快速计算的方法。

1 打开素材

打开"素材\ch06\工资表.xlsx"文件。

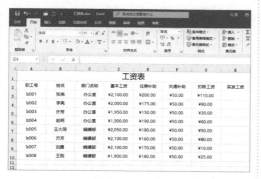

2 输入公式

单击单元格 H3，并输入公式"=D3+E3+F3-G3"。

3 计算员工工资

单击编辑栏中的按钮，或按【Enter】

键，即可计算出当前员工的"实发工资"。

的"实发工资"计算。

4 快速计算其他员工工资

利用快速填充功能，完成其他员工

6.6.2 使用公式计算字符

在公式中不仅可以进行数值的计算，还可以进行字符的计算。

1 新建工作簿

新建一个工作簿，输入下图所示的内容。

2 输入公式

单击单元格 D1，在编辑栏中输入"=(A1+B1)/C1"。

3 显示结果

按【Enter】键，单元格 D1 中计算出公式的结果并显示"1"。

4 使用连字符"&"

选择单元格 D2，并输入计算公式"=A2&B2&C2"，按【Enter】键，单元格 D2 中显示结果"员工工资明细表"。

> 🔈 提示
>
> 在单元格 D2 中输入公式时，在编辑栏中输入"="，单击单元格 A2，在编辑栏中输入"&"，接着单击单元格 B2，再输入"&"，然后单击单元格 C2，编辑栏中也可显示"=A2&B2&C2"。

6.6.3 公式的移动和复制功能

创建公式后，有时需要将其移动或复制到工作表中的其他位置，这就需要用到移动和复制的功能。下面介绍 Excel 2019 公式的移动和复制功能。

1.移动公式

移动公式是指将创建好的公式移动到其他单元格中，具体的操作步骤如下。

1 打开素材文件

打开"素材\ch06\成绩表.xlsx"文件。

	A	B	C	D	E
1	姓名	数学	英语	语文	总成绩
2	贾丽丽	95	89	95	
3	王小明	96	87	92	
4	江涛	84	85	84	
5	李晓林	86	89	81	
6	陈晓华	75	75	75	
7	赵瑞	82	78	86	
8	王峥	69	68	63	
9	李铭	60	49	68	

2 输入公式

单击单元格 E2，在编辑栏中输入"=SUM(B2:D2)"按【Enter】键即可求出总成绩。

E2 ▼ × ✓ fx =SUM(B2:D2)

	A	B	C	D	E
1	姓名	数学	英语	语文	总成绩
2	贾丽丽	95	89	95	279
3	王小明	96	87	92	
4	江涛	84	85	84	
5	李晓林	86	89	81	输入
6	陈晓华	75	75	75	
7	赵瑞	82	78	86	
8	王峥	69	68	63	
9	李铭	60	49	68	

3 选择单元格 E2

选择单元格 E2，在该单元格的边框上按住鼠标左键，出现下图所示的标志。

E2 ▼ × ✓ fx =SUM(B2:D2)

	A	B	C	D	E	F
1	姓名	数学	英语	语文	总成绩	
2	贾丽丽	95	89	95	279	
3	王小明	96	87	92		
4	江涛	84	85	84		
5	李晓林	86	89	81		
6	陈晓华	75	75	75		
7	赵瑞	82	78	86		
8	王峥	69	68	63		
9	李铭	60	49	68		

4 完成移动

将其拖曳到其他单元格，释放鼠标左键后即可移动公式，移动后值不发生变化，仍为"279"。

E6 ▼ × ✓ fx =SUM(B2:D2)

	A	B	C	D	E	F
1	姓名	数学	英语	语文	总成绩	
2	贾丽丽	95	89	95		
3	王小明	96	87	92		
4	江涛	84	85	84		
5	李晓林	86	89	81		
6	陈晓华	75	75	75	279	
7	赵瑞	82	78	86		
8	王峥	69	68	63		
9	李铭	60	49	68		

2.复制公式

复制公式就是把创建好的公式复制到其他单元格中，具体的操作步骤如下。

1 删除内容并重新输入公式

删除 E6 单元格中的公式，在单元格 E2 中输入公式 "=SUM(B2:D2)"，然后按【Enter】键求出总成绩。

E2 ▼ × ✓ fx =SUM(B2:D2)

	A	B	C	D	E	F
1	姓名	数学	英语	语文	总成绩	
2	贾丽丽	95	89	95	279	
3	王小明	96	87	92		
4	江涛	84	85	84		
5	李晓林	86	89	81	结果	
6	陈晓华	75	75	75		
7	赵瑞	82	78	86		
8	王峥	69	68	63		
9	李铭	60	49	68		

2 单击【复制】按钮

选择 E2 单元格，在【开始】选项卡下，单击【剪贴板】选项组中的【复制】按钮，该单元格的边框显示为虚线。

E2 ▼ × ✓ fx =SUM(B2:D2)

	A	B	C	D	E	F
1	姓名	数学	英语	语文	总成绩	
2	贾丽丽	95	89	95	279	
3	王小明	96	87	92		
4	江涛	84	85	84		
5	李晓林	86	89	81		
6	陈晓华	75	75	75		
7	赵瑞	82	78	86		
8	王峥	69	68	63		
9	李铭	60	49	68		

3 单击【粘贴】按钮

选择单元格 E6，单击【剪贴板】选项组中的【粘贴】按钮，即可将公式粘贴到该单元格中。可以看到和移动公式不同的是，值发生了变化，E6 单元格中显示的公式为 "=SUM(B6:D6)"，即复制公式时，公式会根据单元格的引用情况发生变化。

4 粘贴数值

按【Ctrl】键或单击右侧的 图标，弹出如下列表框，单击相应的按钮，即可应用粘贴格式、数值、公式、源格式、链接、图片等。若单击 按钮，则表示只粘贴数值，粘贴后 E7 单元格中的值仍为 "279"。

高手私房菜

技巧 1: 公式显示的错误原因分析

如果公式无法正确计算结果，Excel 将会显示错误值，每种错误类型都有不同的原因和不同的解决方法。下表详细描述了这些错误的原因。

显示的错误原因	说明
##### 错误	当某列不足够宽而无法在单元格中显示所有字符，或者单元格包含负的日期或时间值时，Excel 将显示此错误。例如，用过去的日期减去将来的日期的公式（如 =06/15/2008-07/01/2008）得到负的日期值
#DIV/0! 错误	当一个数除以零 (0) 或不包含任何值的单元格时，Excel 显示此错误
#N/A 错误	当某个值不可用于函数或公式时，Excel 显示此错误
#NAME? 错误	当 Excel 无法识别公式中的文本时，显示此错误。例如，区域名称或函数名称拼写错误
#NULL! 错误	当指定两个不相交的区域的交集时，Excel 显示此错误。交集运算符是分隔公式中的引用的空格字符
#NUM! 错误	当公式或函数包含无效数值时，Excel 显示此错误
#REF! 错误	当单元格引用无效时，Excel 显示此错误。例如，删除了其他公式所引用的单元格，或者可能将已移动的单元格粘贴到其他公式所引用的单元格上
#VALUE! 错误	如果公式所包含的单元格有不同的数据类型，则 Excel 显示此错误。如果启用了公式的错误检查，则屏幕提示会显示"公式中所用的某个值是错误的数据类型"。通常，通过对公式进行较少的更改即可修复此问题

技巧2：查看部分公式的运行结果

如果一个公式比较复杂，可以分别查看各部分公式的运算结果。具体的操作步骤如下。

1 在单元格 A7 中显示结果

在工作表中输入下图所示的内容，并在 A7 单元格中输入"=A2+A4-A3+A5"，按【Enter】键即可在 A7 单元格中显示运算结果，再次在编辑栏的公式中选择"A2+A4-A3"。

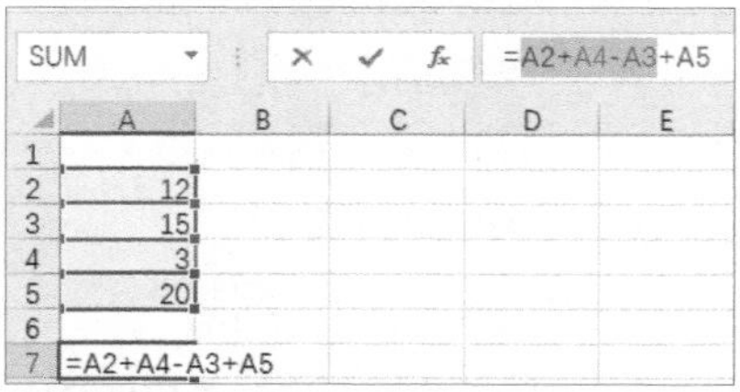

2 按【F9】键可显示部分运算结果

按【F9】键即可显示此公式的部分运算结果。

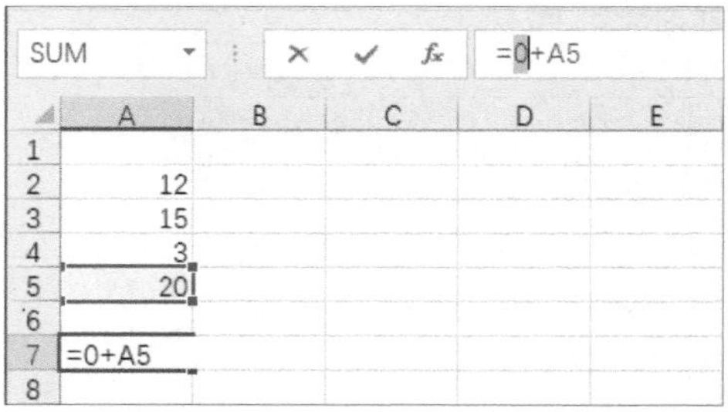

技巧3：公式使用技巧

本节主要提供一些与公式相关的技巧和提示。

1. 不要直接使用数值

当创建公式时，应尽量避免在公式中直接使用数值。例如，如果用公式计算营业税（如税率为 6%），可能会尝试输入如下所示的公式。

=A1*0.06

比较好的方法是在单元格中插入税率，然后使用单元格引用。这样做便于后期修改和维护工作表。例如，如果税率变为 6.75%，直接使用数值的方法就必须修改使用过这个数值的每一个公式。但是，如果将税率数值存储在单元格中，只需要简单更改一个单元格，即可更新所有公式。

2. 把编辑栏作为计算器使用

如果只是想完成一个计算，那么可以将编辑栏作为计算器。例如输入下面的公式，但不要按【Enter】键。

=（245*3.39）/13

如果按【Enter】键，Excel 将把公式输入单元格；而按【F9】键，结果将直接出现在编辑栏中，再按【Enter】键即可将结果保存在活动单元格中。上述操作也同样适用于引用单元格的公式。

3. 精确复制公式

将一个单元格的公式复制到另一个单元格时，Excel 会自动调整单元格引用。如果需要精确复制单元格，可以把单元格引用改为绝对引用，也可以在编辑状态下选择公式，将其以文本的方式复制到剪贴板里再复制。下面以把单元格 C1 中的公式精确复制到 C2 中为例，介绍如何精确复制公式。

1 输入公式

新建空白工作簿，在 A1:B2 单元格区域输入数据，双击 C1 进入编辑模式，输入公式"=A1+B1"。

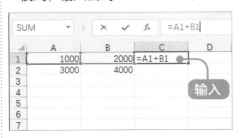

3 选择单元格 C2

按【Enter】键结束编辑状态，选择单元格 C2。

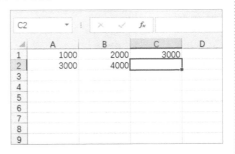

2 单击【复制】按钮

选择输入的公式，单击【开始】选项卡下【剪贴板】选项组中的【复制】按钮，把所选文本复制到剪贴板里。

4 单击【粘贴】按钮

单击【开始】选项卡下【剪贴板】选项组中的【粘贴】按钮，把所选文本粘贴到 C2 单元格中。

举一反三

这里的工程倒计时牌是一种比较简单的倒计时牌，主要包括日期的格式和一些简单的公式运算。不同的倒计时牌所用的公式基本相同。在制作倒计时牌的时候，也可以根据自己的喜好设置不同的颜色。倒计时牌的制作大体相同，比如产品促销倒计时、高考倒计时牌、奥运会倒计时牌等。

第 7 章

函数的应用——
设计薪资管理系统

本章视频教学时间 / 1 小时 49 分钟

🎧 重点导读

函数是 Excel 中的重头戏，大部分的数据自动化处理都需要使用函数。
Excel 2019 中提供了大量实用的函数，用好函数是在 Excel 中高效、便捷
地处理数据的保证。

📖 学习效果图

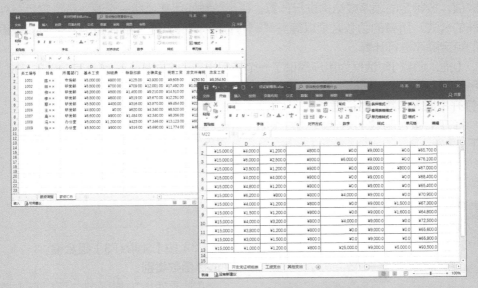

7.1 薪资管理系统的必备要素

本节视频教学时间 / 2 分钟

人力资源部门的员工薪资管理工作通常需要对大量的数据进行统计汇总，工作非常繁杂。在设计薪资管理系统时，应该建立员工出勤管理表、业绩表、年度考核表以及薪资系统表等。所有的表中应该分类将员工的所有基本信息以及应得薪资和应扣除的薪资标清楚，例如，根据销售额计算奖金、基本工资、工龄工资等，扣除类的有迟到扣除金额、纳税扣除以及保险扣除等。需要注意的是，在标注员工基本信息时应保证每个表格中的员工编号一致。最后通过函数的调用进行薪资的 计算。

使用 Excel 2019 制作的薪资管理系统适合中小型企业或者大型企业部门间的薪资管理。制作薪资管理系统首先需要了解 Excel 2019 的函数。

7.2 认识函数

本节视频教学时间 / 7 分钟

Excel 函数是一些已经定义好的公式，这些公式通过参数接收数据并返回结果。大多数情况下，函数返回的是计算的结果，此外，也可以返回文本、引用、逻辑值、数组或者工作表的信息。Excel 内置了 13 大类 400 余种函数，用户可以直接调用。

7.2.1 函数的概念

Excel 中所提到的函数其实是一些预定义的公式，它们使用一些被称为参数的特定数值，按特定的顺序或结构进行计算。每个函数描述都包括一个语法行，它是一种特殊的公式。所有的函数必须以等号"="开始，它是预定义的内置公式，必须按语法的特定顺序进行计算。

【插入函数】对话框为用户提供了一个使用半自动方式输入函数及其参数的方法。使用【插入函数】对话框，可以保证函数名拼写正确、参数的顺序和数量无误。

1 打开【插入函数】对话框

打开【插入函数】对话框的方法有以下 3 种。

（1）在【公式】选项卡下，单击【函数库】选项组中的【插入函数】按钮。

（2）单击编辑栏中的 *fx* 按钮。

（3）按【Shift+F3】组合键。

2 选择函数类别

如果要使用内置函数，可以在【插

入函数】对话框中的【或选择类别】下拉列表中选择一种类别，该类别中所有的函数就会出现在【选择函数】列表框中，如选择函数类别"文本"。

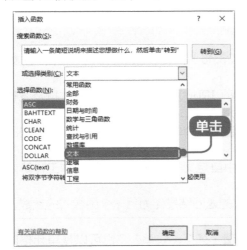

3 搜索函数

如果不确定需要哪一类函数，可以使用对话框顶部的【搜索函数】文本框搜索相应的函数类型。输入搜索项，单击【转到】按钮，即可得到一个相关函数的列表，如搜索"折旧率"相关的函数。

4 单击【确定】按钮

选择函数后单击【确定】按钮，Excel 会显示【函数参数】对话框，用户可以直接输入参数，也可以单击参数文本框后的【折叠】按钮来选择参数，设定了所有的函数参数后，单击【确定】按钮。

7.2.2 函数的组成

在 Excel 中，一个完整的函数式通常由 3 部分构成，其格式为"标识符函数名称（函数参数）"。

1. 标识符

在单元格中输入函数时，必须先输入"="，这个"="称为函数的标识符。

> 🔊 **提示**
>
> 如果不输入"="，Excel 通常会将输入的函数式作为文本处理，不返回运算结果。如果输入"+"或"－"，Excel 也可以返回函数式的结果，确认输入后，Excel 在函数式的前面会自动添加标识符"="。

2. 函数名称

函数标识符后面的英文是函数名称。

> **⌾⌾⌿ 提示**
>
> 大多数函数名称是对应英文单词的缩写。有些函数名称是由多个英文单词（或缩写）组合而成的，例如，条件求和函数 SUMIF 是由求和 SUM 和条件 IF 组成的。

3. 函数参数

函数参数主要有以下几种类型。

（1）常量。常量参数主要包括数值（如 123.45）、文本（如计算机）和日期（如 2010-5-25）等。

（2）逻辑值。逻辑值参数主要包括逻辑真（TRUE）、逻辑假（FALSE）以及逻辑判断表达式（例如，单元格 A3 不等于空表示为"A3<>0"）的结果等。

（3）单元格引用。单元格引用参数主要包括单个单元格的引用和单元格区域的引用等。

（4）名称。在工作簿文档中各个工作表中自定义的名称，可以作为本工作簿内的函数参数直接引用。

（5）其他函数式。用户可以用一个函数式的返回结果作为另一个函数式的参数。对于这种形式的函数式，通常称为"函数嵌套"。

（6）数组参数。数组参数可以是一组常量（如 2、4、6），也可以是单元格区域的引用。

7.2.3 函数的分类

Excel 提供了丰富的内置函数，按照功能可以分为财务函数、时间与日期函数、数学与三角函数、统计函数、查找与引用函数、数据库函数、文本函数、逻辑函数、信息函数、工程函数、多维数据集、兼容性函数和 Web 函数这 13 类。

7.3 输入函数并自动更新工资

本节视频教学时间 / 20 分钟 ▶

在设计薪资管理系统之前，需要新建"薪资管理"工作簿并输入数据。输入数据完成之后，即可进行函数的输入，并在"薪资汇总"工作表中自动更新基本工资。

1 新建工作簿

新建工作簿并新建一个工作表，然后分别将"Sheet1""Sheet2"工作表重命名为"薪资调整""薪资汇总"。

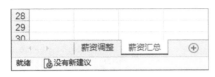

2 输入"薪资调整"工作表内容

选择"薪资调整"工作表，在其中输入下图所示的内容。并将其对齐方式设置为"居中"。

	A	B	C	D	E
1	员工编号	姓名	所属部门	调整日期	调整工资
2					
3					

3 输入"薪资汇总"工作表内容

选择"薪资汇总"工作表，在其中输入下图所示的内容。并将其对齐方式设置为"居中"。

4 单击【保存】按钮

选择【文件】选项卡下的【保存】选项，在右侧单击【浏览】按钮，弹出【另存为】对话框，在【文件名】文本框中输入"薪资管理系统.xlsx"，单击【保存】按钮。

5 在"薪资调整"工作表中输入数据

选择"薪资调整"工作表，选择 A 列、B 列、C 列，将其对齐方式设置为"居中"，选择 D2:D10 单元格区域，设置其单元格格式为"时间"，选择 E2:E10 单元格区域，设置其单元格格式为"货币"，并保留 2 位小数。设置完成后，输入下图所示的内容（读者可打开"素材\ch07\薪资管理.xlsx"文件，复制其中的内容并粘贴到对应的位置）。

	A	B	C	D	E	F
1	员工编号	姓名	所属部门	调整日期	调整工资	
2	1001	陈××	市场部	2019/2/10	￥5,000.00	
3	1002	田××	研发部	2019/2/11	￥5,500.00	
4	1003	柳××	研发部	2019/2/12	￥6,200.00	
5	1004	李××	研发部	2019/2/13	￥6,500.00	
6	1005	蔡××	研发部	2019/2/14	￥5,500.00	
7	1006	王××	研发部	2019/2/15	￥4,800.00	
8	1007	高××	研发部	2019/2/16	￥6,600.00	
9	1008	冯××	办公室	2019/2/17	￥6,500.00	
10	1009	张××	办公室	2019/2/18	￥5,500.00	

6 在"薪资汇总"工作表中输入数据

选择"薪资汇总"工作表，选择 A 列、B 列、C 列，将其对齐方式设置为"居中"，选择 D2:J10 单元格区域，设置其单元格格式为"货币"，并保留小数点后 2 位。此外，还可以根据实际情况调整单元格的行高和列宽。设置完成后，输入下图所示的内容（读者可打开"素材\ch07\薪资管理.xlsx"文件，在"薪资汇总"工作表复制其中的内容并粘贴到对应的位置）。

数据输入完成之后，即可进行函数的输入，并在"薪资汇总"工作表中自动更新基本工资。

7.3.1 输入函数

下面进行薪资管理系统的设计，首先应该学会函数的完整输入方法。

1 选择"SUM"函数

在"薪资调整"工作表中选择 E11 单元格，单击编辑栏中的【插入函数】按钮，在打开的【插入函数】对话框中选择"SUM"函数。

2 设置参数

单击【确定】按钮，在打开的【函数参数】对话框的【Number1】文本框中输入"E2:E10"，单击【确定】按钮。

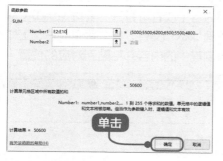

3 显示计算结果

可在 E11 单元格中计算出 E2:E10 单元格区域的总和，选择 E11 单元格，可以在编辑栏中看到输入的函数。

4 修改函数

如果要修改函数，只需要双击 E11 单元格，使 E11 单元格处于可编辑状态，然后按【Delete】键或【Backspace】键删除错误内容，输入其他正确的内容即可。

> **提示**
>
> 如果要删除单元格中的函数值，只需要单击要删除函数的单元格，然后按【Delete】键。

本小节主要介绍求所有员工的基本工资的总和的 sum 函数，目的是学习输入函数的全过程，与制作本章的薪资管理系统无关。用户只需要掌握输入函数的方法即可。

7.3.2 自动更新基本工资

如果在"薪资调整"工作表中对基本工资数据进行了更新，可以通过函数调用使"薪资汇总"工作表的基本工资所在的 D 列数据进行自动更新。

1 单击【定义名称】按钮

选择"薪资调整"工作表，选择单元格区域 A2:E10，在【公式】选项卡下，单击【定义的名称】选项组中的【定义名称】按钮 定义名称 。

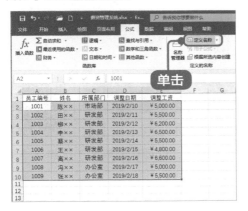

2 弹出对话框

弹出【新建名称】对话框，在【名称】文本框中输入"薪资调整"，在【范围】下拉列表中选择【工作簿】选项，在【引用位置】文本框中输入"= 薪资调整!$A$2:$E$10"。

3 单击【确定】按钮

单击【确定】按钮，则名称框中会显示定义的范围名称"薪资调整"。

4 选择【VLOOKUP】选项

切换到"薪资汇总"工作表，选择单元格 D2，单击编辑栏中的【插入函数】按钮，打开【插入函数】对话框，在【或选择类别】下拉列表中选择【查找与引用】选项，在下方的列表中选择【VLOOKUP】选项。

5 打开【函数参数】对话框

单击【确定】按钮，打开【函数参数】对话框，在【Lookup_value】文本框中输入"A2"，在【Table_array】文本框中输入"薪资调整"，在【Col_index_num】文本框中输入"5"。

柄上，当指针变为 ✛ 形状时，按住鼠标左键并拖动鼠标，将公式复制到该列的其他单元格中。

6 显示计算结果

单击【确定】按钮，即可显示结果，将鼠标指针放在单元格 D2 右下角的填充

7.4 奖金及扣款数据的链接

本节视频教学时间 / 12 分钟

Excel 2019 有一个非常好用的功能——数据链接，这项功能最大的优点是结果会随着数据源的变化而自动更新。

1. 打开素材文件

打开"素材 \ch07\ 员工出勤管理表 .xlsx"文件和"素材 \ch07\ 业绩表 .xlsx"文件。"员工出勤管理表 .xlsx"文件要计算出加班费和缺勤扣款，"业绩表 .xlsx"文件要计算出业绩奖金金额。

2. 设置"加班费"链接

下面设置"薪资管理"工作表中"加班费"的链接。

1 选择单元格 E2

选择"薪资管理"工作表，并选择单元格 E2。

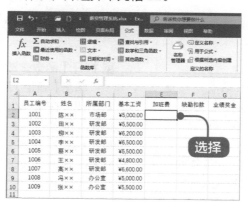

2 选择【VLOOKUP】选项

单击编辑栏中的【插入函数】按钮，打开【插入函数】对话框，在【或选择类别】下拉列表中选择【查找与引用】选项，在下方的列表框中选择【VLOOKUP】选项。

3 打开【函数参数】对话框

单击【确定】按钮，打开【函数参数】对话框，在【Lookup_value】文本框中输入"A2"，在【Table_array】文本框中输入"(员工出勤管理表.xlsx)加班记录!$A$2:$D$10"，在【Col_index_num】文本框中输入"4"。

4 显示计算结果

单击【确定】按钮，即可显示结果，使用填充命令填充至 E10 单元格，即可计算出所有员工的加班费。

3. 设置"缺勤扣款"链接

下面设置"薪资汇总"工作表中"缺勤扣款"的链接。

1 选择单元格 F2

选择"薪资汇总"工作表，并选择单元格 F2。

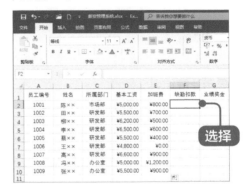

2 选择【VLOOKUP】选项

单击编辑栏中的【插入函数】按钮，打开【插入函数】对话框，在【选择函数】下方的列表中选择【VLOOKUP】选项。

3 打开【函数参数】对话框

单击【确定】按钮，打开【函数参数】对话框，在【Lookup_value】文本框中输入"A2"，在【Table_array】文本框中输入"(员工出勤管理表.xlsx)缺勤记录!$A$2:$K$10"，在【Col_index_num】文本框中输入"11"。

4 显示计算结果

单击【确定】按钮，即可显示结果，将鼠标指针放在单元格 F2 右下角的填充柄上，当指针变为╋形状时按住鼠标左键并向下拖动鼠标，将公式复制到该列的其他单元格中。

4. 设置"业绩奖金"链接

下面设置"薪资汇总"工作表中"业绩奖金"的链接。

1 选择单元格 G2

选择"薪资汇总"工作表，并选择单元格 G2。

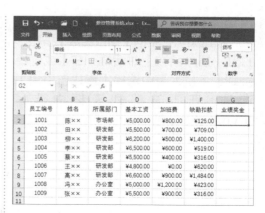

2 选择【VLOOKUP】选项

单击编辑栏中的【插入函数】按钮，打开【插入函数】对话框，在【或选择类别】下拉列表中选择【查找与引用】选项，在下方的列表框中选择【VLOOKUP】选项。

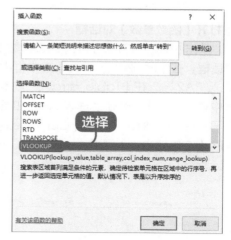

3 打开【函数参数】对话框

单击【确定】按钮，打开【函数参数】对话框，在【Lookup_value】文本框中输入"A2"，在【Table_array】文本框中输入"(业绩表.xlsx)业绩管理!$A$3:$D$11"，在【Col_index_num】文本框中输入"4"。

4 显示计算结果

单击【确定】按钮，即可显示结果，将鼠标指针放在单元格 G2 右下角的填充柄上，当指针变为➕形状时，按住鼠标左键并向下拖动鼠标，将公式复制到该列的其他单元格中。

	A	B	C	D	E	F	G
1	员工编号	姓名	所属部门	基本工资	加班费	缺勤扣款	业绩奖金
2	1001	陈××	市场部	¥5,000.00	¥800.00	¥125.00	¥3,930.00
3	1002	田××	研发部	¥5,500.00	¥700.00	¥709.00	¥12,001.00
4	1003	柳××	研发部	¥6,200.00	¥500.00	¥1,400.00	¥9,210.00
5	1004	李××	研发部	¥6,500.00	¥600.00	¥519.00	¥5,670.00
6	1005	蔡××	研发部	¥5,500.00	¥400.00	¥316.00	¥3,870.00
7	1006	王××	研发部	¥4,800.00	¥0.00	¥620.00	¥4,340.00
8	1007	高××	研发部	¥6,600.00	¥900.00	¥1,484.00	¥2,340.00
9	1008	冯××	办公室	¥5,000.00	¥1,200.00	¥423.00	¥7,346.00
10	1009	张××	办公室	¥5,500.00	¥900.00	¥316.00	¥5,690.00
11							

> 📢 **提示**
>
> 在公式"=VLOOKUP(A2,[业绩表.xlsx]业绩管理!\$A\$3:\$D\$11,4)"中将第3个参数设置为"4"，表示取满足条件的记录在"[业绩表.xlsx]奖业绩管理!\$A\$3:\$D\$11"区域中第 4 列的值。

5. 计算"税前工资"

下面计算税前工资。

1 输入公式

选择"薪资汇总"工作表，并选择单元格 H2，输入公式"=D2+E2-F2+G2"，按【Enter】键确认。

2 复制公式

将鼠标指针放在单元格 H2 右下角的填充柄上，当指针变为➕形状时，按住鼠标左键并向下拖动鼠标，将公式复制到该列的其他单元格中。

7.5 计算个人所得税

本节视频教学时间 / 4 分钟

一般来说，计算应纳税额用的是超额累进税率，计算起来比较麻烦和烦琐，而使用 Excel 2019 的速算扣除数计算法功能，计算就变得比较简便。

1 选择 I2 单元格

在"薪资汇总"工作表中选择 I2 单元格。

2 输入公式

在编辑栏中输入公式 "=ROUND(MAX((H2-5000)*{0.03,0.1,0.2,0.25,0.3,0.35,0.45}-{0,210,1410,2660,4110,7160,15160},0),2)"，如下图所示。

3 显示结果

按【Enter】键即可显示员工编号为"1001"员工应缴纳的个人所得税。

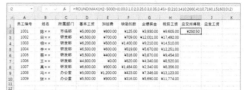

4 计算其他员工应交税额

使用填充功能，填充至 I10 单元格，即可计算出所有员工的应交所得税。

7.6 计算个人应发工资

本节视频教学时间 / 2 分钟

将所有的数据计算完成之后，就可以计算每位员工的应发工资了。

1 计算应发工资

选择单元格 J2，输入"=H2 – I2"，按【Enter】键，即可计算出员工编号为"1001"的员工工资。

复制到该列的其他单元格中。

2 填充计算所有员工工资

将鼠标指针放在单元格 J2 右下角的填充柄上，当鼠标指针变为 **+** 形状时，按住鼠标左键并向下拖动鼠标，将公式

7.7 其他常用函数

本节视频教学时间 / 44 分钟

Excel 2019 中内置了 13 种类型的函数，下面分别介绍各类函数的使用方法。

7.7.1 文本函数

文本函数是在公式中处理文字串的函数，主要用于查找、提取文本中的特定字符，以及转换数据类型等。

1. 从身份证号码中提取出生日期

18 位身份证号码的第 7 位到第 14 位，代表的是出生日期。为了节省时间，登记出生年月时可以用 MID 函数将出生日期提取出来。

1 输入公式

打开"素材 \ch07\Mid.xlsx"文件，选择单元格 D2，在其中输入公式"=MID(C2,7,8)"，按【Enter】键即可得到该居民的出生日期。

2 快速填充

将鼠标指针放在单元格 D2 右下角的填充柄上，当鼠标指针变为 **+** 形状时，按住鼠标左键并向下拖动鼠标，将公式复制到该列的其他单元格中。

> **提示**
>
> MID 函数
>
> 功能：返回文本字符串中从指定位置开始的特定个数的字符，个数由用户指定。
>
> 格式：MID(text, start_num, num_chars)。
>
> 参数：text 是指包含要提取的字符的文本字符串，也可以是单元格引用；start_num 表示字符串中要提取字符的起始位置；num_chars 表示 MID 从文本中返回字符的个数。

2. 按工作量结算工资

工作量按件计算，每件 10 元。假设员工的工资组成包括基本工资和工作量工资，月底时，公司需要把员工的工作量转换为收入，加上基本工资进行当月工资的核算。这需要用到 TEXT 函数将数字转换为文本格式，并添加货币符号。

> **提示**
>
> TEXT 函数
>
> 功能：设置数字格式，并将其转换为文本函数。将数值转换为按指定数字格式表示的文本。
>
> 格式：TEXT(value,format_text)。
>
> 参数：value 表示数值，计算结果为数值的公式，也可以是对包含数字的单元格引用；format_text 是用引号括起来的文本字符串的数字格式。

1 输入公式

打开"素材 \ch07\Text.xlsx"文件，选择单元格 E3，在其中输入公式"=TEXT(C3+D3*10，" ￥#.00")"，按【Enter】键即可完成"工资收入"的计算。

2 快速填充

将鼠标指针放在单元格 D2 右下角的填充柄上，当鼠标指针变为➕形状时，按住鼠标左键并向下拖动鼠标，将公式复制到该列的其他单元格中。

7.7.2 日期与时间函数

日期和时间函数主要用来获取相关的日期和时间信息，经常用于日期的处理。其中"=NOW()"可以返回当前系统的时间。

1. 统计员工上岗的年份

公司每年都有新来的员工和离开的员工，可以利用 YEAR 函数统计员工上岗的年份。

> **提示**
>
> YEAR 函数
>
> 功能：显示日期值或日期文本对应的年份，返回值为 1900 到 9999 的整数。
>
> 格式：YEAR(serial_number)。
>
> 参数：serial_number 为一个日期值，其中包含需要查找年份的日期。可以使用 DATE 函数输入日期，或者将函数作为其他公式或函数的结果输入。如果参数以非日期的形式输入，则返回错误值 #VALUE！。

1 输入公式

打开"素材\ch07\Year.xlsx"文件，选择单元格 D3，在其中输入公式"=YEAR(C3)"，按【Enter】键即可计算出"上岗年份"。

2 快速填充

将鼠标指针放在单元格 D3 右下角的填充柄上，当鼠标指针变为╋形状时，按住鼠标左键并向下拖动鼠标，将公式复制到该列的其他单元格中。

2. 计算停车的小时数

根据停车的开始时间和结束时间计算停车时间，不足 1 小时则舍去。使用 HOUR 函数计算。

> **提示**
>
> HOUR 函数
>
> 功能：返回时间值的小时数函数。计算某个时间值或者代表时间的序列编号对应的小时数。
>
> 格式：HOUR(serial_number)。
>
> 参数：serial_number 表示需要计算小时数的时间，这个参数的数据格式是所有 Excel 可以识别的时间格式。

1 输入公式

打开"素材\ch07\Hour.xlsx"文件，选择单元格 D3，在其中输入公式"=HOUR(C3-B3)"，按【Enter】键即可计算出停车时间的小时数。

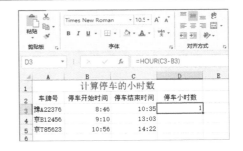

② 快速填充

将鼠标指针放在单元格 D3 右下角的填充柄上，当鼠标指针变为╋形状时，按住鼠标左键并向下拖动鼠标，将公式复制到该列的其他单元格中。

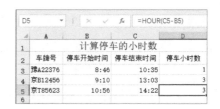

7.7.3 统计函数

统计函数的出现方便了 Excel 用户从复杂的数据中筛选有效的数据的操作。由于筛选的多样性，Excel 中提供了多种统计函数。

公司考勤表中记录了员工是否缺勤，要统计缺勤的总人数，就需使用 COUNT 函数。表格中的"正常"表示不缺勤，"0"表示缺勤。

> 📢 **提示**
>
> COUNT 函数
>
> 功能：统计参数列表中含有数值数据的单元格个数。
>
> 格式：COUNT(value1,value2……)。
>
> 参数：value1,value2……表示可以包含或引用各种类型数据的 1 到 255 个参数，但只有数值型的数据才被计算。

① 打开素材

打开"素材 \ch07\Count.xlsx"文件。

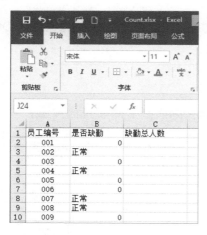

② 输入公式

在单元格 C2 中输入公式"=COUNT(B2:B10)"，按【Enter】键即可得到"缺勤总人数"。

7.7.4 财务函数

财务函数作为 Excel 中的常用函数之一，为财务和会计核算（记账、算账和报账）提供了很多方便。

××公司于 2014 年 7 月 16 日新购两台大型机器，购买 A 机器 52 万元、B 机器 480 万元，折旧期限都为 5 年，A 机器的资产残值为 6 万元、B 机器的资产残值为 3.5 万元，试利用 DB 函数计算这两台机器每一年的折旧值。

> **提示**
>
> DB 函数
>
> 功能：使用固定余数递减法，计算资产在一定期间内的折旧值。
>
> 格式：DB(cost,salvage,life,period,month)。
>
> 参数：cost 为资产原值，用单元格或数值来指定；salvage 为资产在折旧期末的价值，用单元格或数值来指定；life 为固定资产的折旧期限；period 为计算折旧值的期间；month 为购买固定资产后第一年的使用月份数。

1 设置单元格格式

打开"素材 \ch07\Db.xlsx"文件，并设置 B8:C12 单元格区域的数字格式为【货币】格式，小数位数为"0"。

2 计算机器 A 折旧值

在单元格 B8 中输入公式"=DB($B$2, $B$3,$B$4,A8,$B$5)"，按【Enter】键即可计算出机器 A 第一年的折旧值。

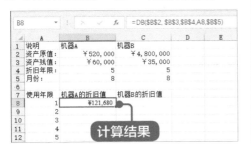

3 计算机器 B 折旧值

在单元格 C8 中输入公式"=DB($C$2, $C$3,$C$4,A8,$C$5)"，按【Enter】键即可计算出机器 B 第一年的折旧值。

4 快速填充

将鼠标指针放在单元格区域 B8:C8 右下角的填充柄上，当鼠标指针变为 **+** 形状时按住鼠标左键并向下拖动鼠标，将公式复制到该列的其他单元格中。

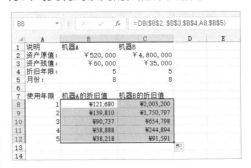

7.7.5 数据库函数

数据库是包含一组相关数据的列表，其中包含相关信息的行称为记录，包含数据的列称为字段。

1. 统计成绩最高的学生成绩

可以使用 DMAX 函数统计成绩表中成绩最高的学生成绩。

> **提示**
>
> DMAX 函数
>
> 功能：计算数据库中满足指定条件的记录字段中的最大数字。
>
> 格式：DMAX(database,field,criteria)。
>
> 参数：database 表示构成列表的单元格区域，field 表示指定函数使用的数据列，criteria 表示一组包含给定条件的单元格区域。

1 打开素材

打开"素材 \ch07\Dmax.xlsx"文件。

2 输入公式

在单元格 D18 中输入公式"=DMAX(A1:E14,5,A16:E17)"，按【Enter】键即可求出数据区域中最高的成绩。

2. 计算员工的平均销售量

使用 DAVERAGE 函数可以计算指定单元格区域员工的平均销售量。

> **提示**
>
> DAVERAGE 函数
>
> 功能：返回数据库中满足指定条件的记录字段中的数字平均值。
>
> 格式：DAVERAGE(database,field,crit eria)。
>
> 参数：database 表示构成数据的单元格区域，field 表示指定函数使用的数据列，criteria 表示一组包含给定条件的单元格区域。

1 打开素材

打开"素材 \ch07\Daverage. xlsx"文件。

2 输入公式

在单元格 C12 中输入公式 "=DAVERAGE (A1:C8,3,A10:C11)", 按【Enter】键即可求出"公司所有员工平均销售量"。

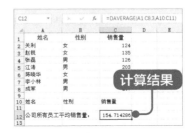

7.7.6 逻辑函数

逻辑函数是根据不同的条件进行不同处理的函数。条件格式中使用比较运算符号指定逻辑式，并用逻辑值表示结果。

1. 判断学生成绩是否合格

这里使用 IF 函数来判断学生的成绩是否合格，总分大于等于 200 分的显示为"合格"，否则显示为"不合格"。

1 输入公式

打开"素材 \ch07\If.xlsx"文件，在单元格 G2 中输入公式"=IF(F2>=200," 合格"," 不合格")"，按【Enter】键即可显示单元格 G2 是否为合格。

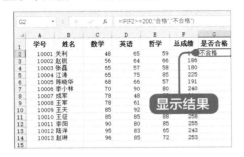

2 快速填充

将鼠标指针放在单元格 G2 右下角的填充柄上，当鼠标指针变为┿形状时，拖动鼠标，将公式复制到该列的其他单元格中。

📢 **提示**

IF 函数

功能：根据对指定条件的逻辑判断的真假结果，返回相对应的内容。

格式：IF(Logical,Value_if_true,Value_if_false)。

参数：Logical 代表逻辑判断表达式；Value_if_true 表示当判断条件为逻辑"真（TRUE）"时的显示内容，如果忽略此参数，则返回"0"；Value_if_false 表示当判断条件为逻辑"假（FALSE）"时的显示内容，如果忽略，则返回 FALSE。

2. 判断员工是否完成工作量

这里使用 AND 函数判断员工是否完成工作量。每个人 4 个季度销售计算机的数量均大于 100 台为完成工作量，否则为没有完成工作量。

> 📢 **提示**
>
> AND 函数
>
> 功能：返回逻辑值。如果所有的参数值均为逻辑"真（TRUE）"，则返回逻辑"真（TRUE）"，反之返回逻辑"假（FALSE）"。
>
> 格式：AND（logical1,logical2…）。
>
> 参数：Logical1,Logical2… 表示待测试的条件值或表达式，最多为 255 个。

1️⃣ 输入公式

打开"素材 \ch07\And.xlsx"文件，在单元格 F2 中输入公式"=AND(B2>100, C2>100,D2>100,E2>100)"，按【Enter】键即可显示是否完成工作量的信息。

2️⃣ 快速填充

将鼠标指针放在单元格 F2 右下角的填充柄上，当鼠标指针变为➕形状时，按住鼠标左键并向下拖动鼠标，将公式复制到该列的其他单元格中。

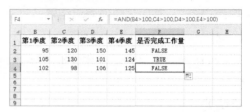

7.7.7 查找与引用函数

查找与引用函数主要用于对单元格区域进行数值的查找。

某软件研发公司拥有一批软件开发人才，包括高级开发人员、高级测试人员、项目经理、高级项目经理等。这里使用 CHOOSE 函数输入该公司部分员工的职称。

> 📢 **提示**
>
> CHOOSE 函数
>
> 功能：可以根据索引号从最多 254 个数值中选择一个。
>
> 格式：CHOOSE(index_num,value1, value2…)。
>
> 参数：index_num 指定所选参数序号的值参数；value1,value2… 为 1 到 254 个数值参数，函数 CHOOSE 基于 index_num，从中选择一个数值或一项进行操作。

1️⃣ 输入公式

打开"素材 \ch07\Choose.xlsx"文件，单元格 D3，在其中输入"=CHOOSE(C3," 高级项目经理 "," 项目经理 "," 高级开发人员 "," 高级测试人员 ")"，按【Enter】键即可显示该员工的"岗位职称"。

鼠标左键并向下拖动鼠标，将公式复制到该列的其他单元格中。并根据实际需要调整列的宽度。

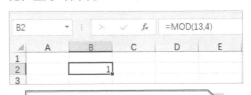

2 快速填充

将鼠标指针放在单元 D3 右下角的填充柄上，当鼠标指针变为**+**形状时，按住

7.7.8 其他函数

Excel 2019 中还包含数学与三角函数、信息函数和工程函数。

1. 数学与三角函数

Excel 2019 提供了一些常用的数学和三角函数。用户在使用 Excel 进行财务处理时，如果遇到运算，可以适当地使用相应的数学函数。

1 ABS 函数

可以使用 ABS 函数输出数值的绝对值，新建一个文档，在 A1 单元格中输入 "-120"， 在 A2 单元格中输入 "=ABS(A1)"，按【Enter】键即可求出 A1 单元格中数值的绝对值。

A2	▼	:	×	✓	fx	=ABS(A1)
▲	A	B	C	D	E	
1	-120					
2	120					
3						

2 INT 函数

可以使用 INT 函数将数值向下取整为最接近的整数。新建一个文档，在 A2 单元格中输入 "=INT(19.69)"，按【Enter】键即可求出将 19.69 向下取整后得到的最接近的整数。

A2	▼	:	×	✓	fx	=INT(19.69)
▲	A	B	C	D	E	
1						
2	19					
3						
4						

3 MOD 函数

可以使用 MOD 函数返回两数相除的余数，新建一个文档，选择 B2 单元格，在其中输入 "=MOD(13,4)"，按【Enter】键，显示结果为 "1"。

B2	▼	:	×	✓	fx	=MOD(13,4)
▲	A	B	C	D	E	
1						
2		1				
3						

> **📢 提示**
>
> ABS 函数
>
> 功能：求出相应数值或引用单元格中数值的绝对值。
>
> 格式：ABS(number)。
>
> 参数：number 代表需要求绝对值的数值或引用的单元格。
>
> MOD 函数
>
> 功能：返回两数相除的余数，结果的正负号与除数相同。
>
> 格式：MOD(number，divisor)。
>
> 参数：number 表示被除数，divisor 表示除数。

4 SIN 函数

可以使用 SIN 函数返回给定角度的正弦值。新建一个文档，选择 B2 单元格，在其中输入"=SIN(30*PI()/180）"，按【Enter】键，显示 30°的正弦值。

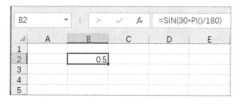

> **提示**
>
> INT 函数
>
> 功能：返回实数向下取整后的整数值。
> INT 函数在取整时，不进行四舍五入。
> 格式：INT(number)。
> 参数：number 表示需要取整的数值或包含数值的引用单元格。
>
> SIN 函数
>
> 功能：计算角度的三角函数的正弦值。
> 格式：SIN (number)。
> 参数：number 表示需要计算的角度。

2. 信息函数

信息函数用来获取单元格内容信息。信息函数可以使单元格在满足条件时返回逻辑值，从而获取单元格的信息，还可以确定存储在单元格中的内容的格式、位置、错误类型等信息。

1 CELL 函数

可以使用 CELL 函数返回引用中第 1 个单元格的格式、位置或内容等有关信息。

> **提示**
>
> CELL 函数
>
> 功能：返回指定引用区域的左上角单元格的样式、位置或内容等信息。
> 格式：CELL(info_type,reference)。
> 参数：info_type 表示一个文本框，用双引号的半角文本指明需要的单元格信息的类型；reference 表示要查找的内容相关信息的单元格或者单元格区域。

2 TYPE 函数

可以使用 TYPE 函数以整数形式返回参数的数据类型。

> **提示**
>
> TYPE 函数
>
> 功能：检测数据的类型。如果检测对象是数值，则返回"1"；如果是文本，则返回"2"；如果是逻辑值，则返回"4"；如果是公式，则返回"8"；如果是误差值，则返回"16"；如果是数组，则返回"64"。
> 格式：TYPE(value)。
> 参数：value 可以为任意 Microsoft Excel 数据或引用的单元格。

3. 工程函数

工程函数主要用于解决一些数学问题。如果能够合理地使用工程函数，可以极大地简化程序。

① DEC2BIN 函数

可以使用 DEC2BIN 函数将十进制数转换为二进制数。新建一个文档，选择 B2 单元格，在其中输入"=DEC2BIN(8)"，按【Enter】键即可将十进制数"8"转换为二进制数"1000"。

> **提示**
>
> DEC2BIN 函数
>
> 功能：将十进制数转换为二进制数。如果参数不是一个十进制格式的数字，则函数返回错误值"#NAME？"。
>
> 格式：DEC2BIN(number)。
>
> 参数：number 为待转换的十进制整数。

② BIN2DEC 函数

可以使用 BIN2DEC 函数将二进制数转换为十进制数。新建一个文档，然后选择 B2 单元格，在 B2 单元格中输入"=BIN2DEC(1010)"，按【Enter】键即可将二进制数"1010"转换为十进制数"10"。

> **提示**
>
> BIN2DEC 函数
>
> 功能：将二进制数转换为十进制数。如果参数不是一个二进制格式的数字，函数则返回错误值"#NUM！"。
>
> 格式：BIN2DEC(number)。
>
> 参数：number 为待转换的二进制数。

7.8 Excel 2019 新增函数的应用

本节视频教学时间 / 9 分钟

Excel 2019 中新增了几款新函数，如"IFS"函数、"CONCAT"函数、"TEXTJOIN"函数等。下面来简单介绍这些新函数的应用。

7.8.1 IFS 函数

IFS 函数是一个多条件判断函数，可以取代多个 IF 语句的嵌套，允许测试最多 127 个不同的条件。

> **提示**
>
> IFS 函数
>
> 功能：检查是否满足一个或多个条件，且是否返回与第一个 TRUE 条件对应的值。
>
> 格式：IFS(logical_test1,value_if_true1,logical_test2,value_if_true2,...)。
>
> 参数：logical_test1 表示计算结果为 TRUE 或 FALSE 的任意值或表达式 ;value_if_true1 是当 logical_test1 的计算结果为 TRUE 时，要返回结果。

① 输入公式

打开"素材 \ch07\IFS 函数 .xlsx"工作簿，选择 C2 单元格，在编辑栏中输入

公式 "=IFS(B2>=90," 优秀 ",B2>=80," 良好 ",B2>=70," 中 等 ",B2>=60," 及 格 ",B2<=59," 不及格 ")"，按【Enter】键，即可得出结果。

的评价结果。

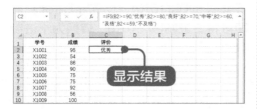

2 快速填充

使用快速填充功能，计算其他学生

7.8.2 TEXTJOIN 函数

TEXTJOIN 函数可以将多个区域的文本组合起来，且包括用户指定的用于要组合的各文本项之间的分隔符。

> **提示**
>
> TEXTJOIN 函数
>
> 功能：可将字符串、单元格或单元格区域连接，连接后为文本格式。
>
> 格式：TEXTJOIN(分隔符 , ignore_empty, text1, [text2], …)。
>
> 参数：分隔符为文本字符串，可以为空，也可以通过双引号引起来的一个或多个字符，或者是对有效字符串的引用，如果是一个数字，则会被视为文本；ignore_empty 是如果为 TURE，则忽略空白单元格；text1 是要连接的文本项，如单元格区域；[text2] 是要连接的其他文本项。文本项最多可以有 253 个文本参数。每个参数可以是一个字符串或字符串数组，如单元格区域。

1 输入公式

打 开 " 素 材 \ch07\TEXTJOIN 函数 .xlsx" 工作簿，选择 C2 单元格，在编辑栏中输入公式 "=TEXTJOIN("；",FALSE,A2:A7)"，按【Enter】键，即可得出选择的数据区域中包含空白单元格的结果。

2 快速填充

选择 C3 单元格，在编辑栏中输入公式 "=TEXTJOIN("；",TRUE,A2:A7)"，按【Enter】键，即可得出选择的数据区域中不包含空白单元格的结果。

7.8.3 CONCAT 函数

CONCAT 函数是一个文本函数，可以将多个区域的文本组合起来，在 Excel 中可以实现多列合并。

> **📢 提示**
>
> CONCAT 函数
>
> 功能：将多个区域或字符串的文本组合起来，但不提供分隔符。
>
> 格式：CONCAT(text1, [text2],…)。
>
> 参数：text1 是要连接的文本项，如单元格区域；[text2] 是要连接的其他文本项。文本项最多可以有 253 个文本参数。每个参数可以是一个字符串或字符串数组，如单元格区域。

1 输入公式

打开"素材\ch07\CONCAT 函数.xlsx"工作簿，选择 A2 单元格，在编辑栏中输入公式"=CONCAT(A1,B1,C1,","D1,E1,F1,G1)"。

2 显示结果

按【Enter】键，即可得出结果。

高手私房菜

技巧 1：大小写字母转换技巧

与大小写字母转换相关的 3 个函数为 LOWER、UPPER 和 PROPER。

1 LOWER 函数

将字符串中所有的大写字母转换为小写字母。

2 UPPER 函数

将字符串中所有的小写字母转换为大写字母。

> **📢 提示**
>
> 如果需要将一个字符串中的某个或几个字符转换为大写字母或小写字母，可以使用 LOWER 函数和 UPPER 函数与其他的查找函数结合进行转换。

3 PROPER 函数

将字符串的首字母及任何非字母字符后面的首字母转换为大写字母。

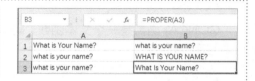

技巧2：使用 NOT 函数判断输入的年龄是否正确

可以使用 NOT 函数判断输入的年龄是否大于 0，若小于 0，则给出提示信息。

1 打开素材

打开"素材\ch07\Not.xlsx"文件。在单元格 C3 中输入"=IF(NOT(B3>0),"年龄不能小于0",B3)"，按【Enter】键即可完成数据的判断。

2 快速填充

将鼠标指针放在单元格 C3 右下角的填充柄上，当鼠标指针变为➕形状时，按住鼠标左键并向下拖动鼠标，将公式复制到该列的其他单元格中。

技巧3：其他常用函数的功能与参数

（1）FIND 函数

功能：查找文本字符串。以字符为单位，查找一个文本字符串在另一个字符串中出现的起始位置编号。

格式：FIND(find_text, within_text, start_num)。

参数：find_text 表示要查找的文本或文本所在的单元格，输入要查找的文本需要用双引号引起来。find_text 不允许包含通配符，否则返回错误值"#VALUE!"。within_text 包含要查找的文本或文本所在的单元格，若 within_text 中没有 find_text，则 FIND 函数返回错误值"#VALUE!"。start_num 指定开始搜索的字符，如果省略 start_num，则其值为"1"；如果 start_num 不大于 0，则 FIND 函数返回错误值"#VALUE！"。

（2）SEARCH 函数

功能：查找字符串字符起始位置（不区分大小写）。以字符为单位，查找文本字符串在另一个字符串中出现的起始位置编号。

格式：SEARCH(find_text, within_text, start_chars)。

参数：find_text 表示要查找的文本或文本所在的单元格，输入要查找的文本需要用双引号引起来。find_text 允许包含通配符。within_text 包含要查找的文本或文本所在的单元格，within _ text 中没有 find _ text，则 SEARCH 函数返回错误值"#VALUE!"。start _ num 指定开始搜索的字符，如果省略 start _ num，则其值为 1；如果 start _ num 不大于 0，则 SEARCH 函数返回错误值"#VALUE！"。

（3）DATE 函数

功能：返回特定日期的年、月、日函数，给出指定数值的日期。

格式：DATE(year,month,day)。

参数：year 为指定的年份数值（小于 9999），month 为指定的月份数值（不大于 12），day 为指定的天数。

（4）WEEKDAY 函数

功能：返回指定日期对应的星期数。

格式：WEEKDAY (serial_number, return_type)。

参数：serial_number 代表指定的日期或引用含有日期的单元格；return_type 代表星期的表示方式。当 Sunday（星期日）为 1、Saturday（星期六）为 7 时，该参数为 1；当 Monday（星期一）为 1、Sunday（星期日）为 7 时，该参数为 2（这种情况较符合我们的习惯）；当 Monday（星期一）为 0、Sunday（星期日）为 6 时，该参数为 3。

（5）AVERAGE 函数

功能：返回参数的平均值。计算选中区域中所有包含数值单元格的平均值。

格式：AVERAGE(number1,number2……)。

参数：number1,number2……为需要求平均值的数值或引用单元格（单元格区域），参数不超过 255 个。

（6）PMT 函数

功能：计算为拥有存储的未来金额，每次必须存储的金额；或为在特定期间内偿清贷款，每次必须存储的金额。

格式：PMT(rate,nper,pv,fv,type)。

参数：rate 表示期间内的利润率；nper 表示该贷款的总付款期数；pv 表示现值；fv 表示未来值，或最后一次付款后希望得到的现金余额，如果省略则为 0，也就是一笔贷款的未来值为 0；type 表示付款时间的类型。

（7）DCOUNT 函数

功能：返回数据库的指定字段中，满足指定条件并且包含数字的单元格个数。

格式：DCOUNT (database,field,criteria)。

参数：database 表示构成列表的单元格区域，field 表示指定函数使用的数据列，criteria 表示一组包含给定条件的单元格区域。

（8）OR 函数

功能：返回逻辑值。如果所有的参数值均为"假（FALSE）"，则返回逻辑值"假（FALSE）"；反之，返回逻辑值"真（TRUE）"。

格式：OR(logical1,logical2……)。

参数：Logical1,Logical2……表示待测试的条件值或表达式，最多为255个。

设计薪资管理系统主要是使用函数对表格中的数据进行计算。函数的使用非常广泛，类似的还有建立员工加班统计表、建立会计凭证、制作账单簿、制作分类账表、制作员工年度考核系统、制作业绩管理及业绩评估系统和员工薪资管理系统等。

第 8 章

数据透视表/图的应用
——制作年度产品销售额数据透视表及数据透视图

本章视频教学时间 / 46 分钟

 重点导读

数据透视表是一种可以深入分析数值数据，快速汇总大量数据的交互式报表。

学习效果图

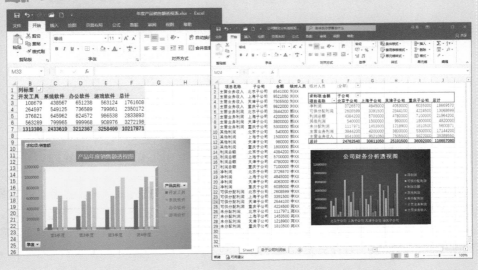

8.1 数据准备及需求分析

本节视频教学时间 / 3 分钟

　　数据透视表是一种可以对大量数据快速汇总和建立交叉列表的交互式动态表格，能够帮助用户分析、组织既有数据，是 Excel 中的数据分析利器。

　　用户可以从 4 种类型的数据源中创建数据透视表。

　　（1）Excel 数据列表。Excel 数据列表是最常用的数据源。如果以 Excel 数据列表作为数据源，则标题行不能有空白单元格或者合并的单元格，否则不能正确生成数据透视表。

　　（2）外部数据源。文本文件、Microsoft SQL Server 数据库、Microsoft Access 数据库、dBASE 数据库等均可作为数据源。Excel 2000 及以上版本还可以利用 Microsoft OLAP 多维数据集创建数据透视表。

　　（3）多个独立的 Excel 数据列表。数据透视表可以将多个独立的 Excel 表格中的数据汇总到一起。

　　（4）其他数据透视表。创建完成的数据透视表也可以作为数据源来创建另外一个数据透视表。

　　在实际工作中，用户的数据往往是以二维表格的形式存在的，如下左图所示。这样的数据表无法作为数据源用以创建理想的数据透视表。只能把二维的数据表格转换为如下右图所示的一维表格，才能作为数据透视表的理想数据源。数据列表就是指这种以列表形式存在的数据表格。

	年度产品销售额透视表		
产品类别	季度	销售额	
系统软件	第1季度	¥	438,567.00
办公软件	第1季度	¥	651,238.00
开发工具	第1季度	¥	108,679.00
游戏软件	第1季度	¥	563,124.00
系统软件	第2季度	¥	549,125.00
办公软件	第2季度	¥	736,589.00
开发工具	第2季度	¥	264,597.00
游戏软件	第2季度	¥	799,861.00
系统软件	第3季度	¥	645,962.00
办公软件	第3季度	¥	824,572.00
开发工具	第3季度	¥	376,821.00
游戏软件	第3季度	¥	986,538.00
系统软件	第4季度	¥	799,965.00
办公软件	第4季度	¥	999,968.00
开发工具	第4季度	¥	563,289.00
游戏软件	第4季度	¥	908,976.00

	年度产品销售额透视表			
	第1季度	第2季度	第3季度	第4季度
系统软件	¥ 438,567.00	¥ 549,125.00	¥ 645,962.00	¥ 799,965.00
办公软件	¥ 651,238.00	¥ 736,589.00	¥ 824,572.00	¥ 999,968.00
开发工具	¥ 108,679.00	¥ 264,597.00	¥ 376,821.00	¥ 563,289.00
游戏软件	¥ 563,124.00	¥ 799,861.00	¥ 986,538.00	¥ 908,976.00

　　本章将要创建的年度产品销售透视表，使用 Excel 数据列表作为数据源。在数据准备的过程中，必须注意标题行中不能有空白单元格，且表格需要是简单的一维表。其中的数据要根据产品类别、季度、销售等分别填入。只有做好数据准备工作，才能顺利创建数据透视表，并充分发挥其作用。

8.2 创建年度产品销售额透视表

本节视频教学时间／3分钟

使用数据透视表可以深入分析数值数据，创建"年度产品销售额透视表"的具体操作步骤如下。

1 打开素材

打开"素材 \ch08\ 年度产品销售额透视表.xlsx"文件。

年度产品销售额透视表		
产品类别	季度	销售额
系统软件	第1季度	￥ 438,567.00
办公软件	第1季度	￥ 651,238.00
开发工具	第1季度	￥ 108,679.00
游戏软件	第1季度	￥ 563,124.00
系统软件	第2季度	￥ 549,125.00
办公软件	第2季度	￥ 736,580.00
开发工具	第2季度	￥ 264,597.00
游戏软件	第2季度	￥ 799,861.00
系统软件	第3季度	￥ 645,962.00
办公软件	第3季度	￥ 824,572.00
开发工具	第3季度	￥ 376,821.00
游戏软件	第3季度	￥ 986,538.00
系统软件	第4季度	￥ 799,965.00
办公软件	第4季度	￥ 999,968.00
开发工具	第4季度	￥ 563,289.00
游戏软件	第4季度	￥ 908,976.00

2 单击【数据透视表】按钮

单击【插入】选项卡下【表格】选项组中的【数据透视表】按钮。

3 设置数据源

打开【创建数据透视表】对话框，选中【请选择要分析的数据】选项组中的【选择一个表或区域】单选按钮，单击【表／区域】文本框右侧的按钮，用鼠标拖曳选择 A2:C18 单元格区域，完成数据源的选择。在【选择放置数据透视表的位置】选项组中选中【新工作表】单选按钮，单击【确定】按钮。

提示

数据源也可以选择外部数据，放置位置也可以选择现有工作表。

4 将字段添加到相应位置

弹出数据透视表的编辑界面。将"销售额"字段拖曳到【Σ值】列表框中，将"产品类别"和"季度"字段分别拖曳到【行】列表框中，注意顺序。添加好字段的效果如下图所示。

8.3 编辑数据透视表

本节视频教学时间 / 9 分钟

创建数据透视表以后，就可以对它进行编辑了。对数据透视表的编辑包括修改其布局、添加或删除字段、格式化表中的数据，以及对透视表进行复制和删除等。

8.3.1 修改数据透视表

数据透视表是显示数据信息的视图，不能直接修改数据透视表所显示的数据项。但表中的字段名是可以修改的，此外，还可以修改数据透视表的布局，从而重组数据透视表。

下面对创建的数据透视表互换行和列，具体操作步骤如下。

1 将字段拖曳至【列】列表框

将【行】列表框中的【季度】【产品类别】字段依次拖曳到【列】列表框中。

2 查看效果

此时创建的数据透视表如下图所示。

3 修改【产品类别】字段

将【产品类别】字段从【列】列表框拖曳到【行】列表框中。

4 查看效果

将【产品类别】字段拖曳至【行】列表框后的效果如下图所示。

行标签	第1季度	第2季度	第3季度	第4季度	总计
办公软件	651238	736589	824572	999968	3212367
开发工具	108679	264597	376821	563289	1313386
系统软件	438567	549125	645962	799965	2433619
游戏软件	563124	799861	986538	908976	3258499
总计	1761608	2350172	2833893	3272198	10217871

8.3.2 修改数据透视表的数据排序

排序是数据表中的基本操作，用户总是希望数据能够按照一定的顺序排列。数据透视表的排序不同于普通工作表的排序。

1 单击【降序】按钮

选择 B 列中的任意一个单元格，单击【数据】选项卡下【排序和筛选】选项组中的【降序】按钮。

2 查看效果

可根据该列数据进行排序，如下图

所示。

> **提示**
> 如果用户修改了数据源中的数据，透视表更新后将按照设置的排序方式自动重新排序。

8.3.3 改变数据透视表的汇总方式

Excel 数据透视表默认的汇总方式是求和，用户可以根据需要改变数据透视表中数据项的汇总方式。

1 选择【值字段设置】选项

单击右侧【Σ 值】列表框中的【求和项：销售额】按钮，选择【值字段设置】选项。

2 选择【平均值】选项

弹出【值字段设置】对话框，在【选择用于汇总所选字段数据的计算类型】列表框中选择【平均值】选项，单击【确定】按钮。

3 查看效果

可将汇总方式更改为"平均值"类型，如右图所示。可以看到行标签右侧的"求和项：销售额"已经更改为"平均值项：销售额"，下方的数据则显示为平均值。

8.3.4 添加或者删除字段

用户可以根据需要随时向透视表添加或者从中删除字段。

1 删除字段

在【数据透视表字段】窗格上方的【选择要添加到报表的字段】列表框中，取消选中【季度】复选框，即可将其从数据透视表中删除。

2 查看效果

删除字段后，效果如下图所示。

3 添加字段

在【选择要添加到报表的字段】列表框中选中【季度】复选框，即可将其添加至数据透视表中。

4 查看效果

添加字段后效果如下图所示。

提示

选择【行】列表框中的字段名称并将其拖到窗口外面，也可以删除字段。

8.3.5 了解设置数据透视表选项

创建数据透视表之后，在功能区有【分析】和【设计】两个选项卡。

1.【分析】选项卡中各个选项组的功能

（1）【数据透视表】选项组

显示数据透视表的名称，也可以更改数据透视表的名称。

（2）【活动字段】选项组

用于对活动字段进行设置。

（3）【组合】选项组

用于对所选内容进行一次组合分组、取消分组等。

（4）【筛选】选项组

用于对数据透视表中的内容进行筛选。

（5）【数据】选项组

用于对数据源进行更改和刷新，以得到正确的数据。

（6）【操作】选项组

用于在数据透视表中选择特定内容、清除内容和改变数据透视表的存放位置。

（7）【计算】选项组

主要包括【按值汇总】【值显示方式】和【域、项目和集】3个选项。

（8）【工具】选项组

用于得到与数据透视表对应的数据透视图，还可以对数据透视表中的数据进行公式计算、求解、列出公式等操作。

（9）【显示】选项组

用于显示或隐藏字段列表、+/- 按钮、字段标题。

2.【设计】选项卡中各个选项组的功能

（1）【布局】选项组

用于对数据透视表中的内容进行分类汇总、设置报表布局和插入空行等操作。

（2）【数据透视表样式选项】选项组

用于设置表格样式套用的规则。

（3）【数据透视表样式】选项组

用于对数据透视表区域的内容进行表格样式的套用。

8.4 美化数据透视表

本节视频教学时间 / 7 分钟

创建并编辑好数据透视表以后，可以对它进行美化，使其看起来更加美观。

1 选择数据透视表样式

选中数据透视表，选择【数据透视表工具】▶【设计】▶【数据透视表样式】选项组中的【其他】按钮，在弹出的下拉列表中选择一种样式，即可更改数据透视表的样式。

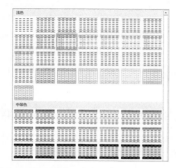

2 查看应用样式后效果

更改数据透视表样式后的效果如下图所示。

	A	B	C
1			
2			
3	行标签	平均值项:销售额	
4	⊟办公软件	803091.75	
5	第4季度	999968	
6	第3季度	824572	
7	第2季度	736589	
8	第1季度	651238	
9	⊟开发工具	328346.5	
10	第4季度	563289	
11	第3季度	376821	
12	第2季度	264597	
13	第1季度	108679	
14	⊟系统软件	608404.75	
15	第4季度	799965	
16	第3季度	645962	
17	第2季度	549125	
18	第1季度	438567	
19	⊟游戏软件	814624.75	
20	第3季度	986538	
21	第4季度	908976	
22	第2季度	799861	
23	第1季度	563124	
24	总计	638616.9375	

3 选择【设置单元格格式】选项

选中 B4:B24 单元格区域并单击鼠标右键，在弹出的快捷菜单中选择【设置单元格格式】选项。

4 设置单元格格式

打开【设置单元格格式】对话框，单击【数字】选项卡，在【分类】选项组中选择【会计专用】选项，然后单击【确定】按钮。

5 查看设置效果

完成设置单元格格式的操作后，效

果如下图所示。

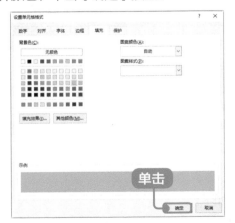

6 填充背景色

选择 A5:B8 单元格区域，在【设置单元格格式】对话框中选择【填充】选项卡，在【背景色】选项组中，选择一种颜色，单击【确定】按钮。

7 填充其他单元格区域背景色

重复步骤5的操作，依次选择其他需要设置背景颜色的单元格区域，并设置背景颜色，设置完成后效果如下图所示。

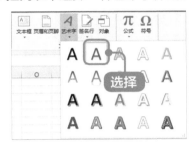

8 选择艺术字样式

在【插入】选项卡下，单击【文本】选项组中的【艺术字】按钮 ，在弹出的下拉列表中选择一种艺术字样式。

9 设置艺术字字号

可插入艺术字文本框，输入"年度产品销售额透视表"文本，调整字号为"32"。

10 设置艺术字效果

选择艺术字文本框，单击【格式】选项卡下【形状样式】选项组中的【设置形状格式】按钮 🔳，打开【设置形状格式】窗格，在【大小与属性】的【文本框】组中设置【文字方向】为"竖排"。

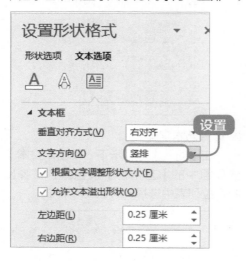

11 查看效果

适当调整艺术字文本框的位置，至此完成年度产品销售额透视表的制作，最终效果如下图所示。

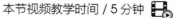

8.5 创建年度产品销售额透视图

本节视频教学时间 / 5分钟

与数据透视表一样，数据透视图也是交互式的。创建数据透视图时，数据透视图的报表筛选将显示在图表区中，以便排序和筛选数据透视图报表的基本数据。当改变相关联的数据透视表中的字段布局或数据时，数据透视图也会随之变化。

创建数据透视图的方法有两种，一种是直接通过数据表中的数据创建数据透视图，另一种是通过已有的数据透视表创建数据透视图。

8.5.1 通过数据区域创建数据透视图

通过数据区域创建数据透视图的具体步骤如下。

1 选择【数据透视图】选项

选择"Sheet1"工作表，单击【插入】选项卡下【图表】选项组中的【数据透视图】选项，在弹出的下拉列表中选择【数据透视图】选项。

2 弹出【创建数据透视图】对话框

弹出【创建数据透视图】对话框，如下图所示。

3 设置数据源

选中【请选择要分析的数据】选项组中的【选择一个表或区域】单选按钮，单击【表/区域】文本框右侧的按钮，用鼠标拖曳选择 A2:C18 单元格区域来选择数据源。

4 设置放置位置

在【选择放置数据透视表的位置】选项组中选中【新工作表】单选按钮，单击【确定】按钮。

5 弹出数据透视表的编辑界面

弹出数据透视表的编辑界面，在其右侧打开【数据透视图字段】任务窗格。

6 添加字段

在【选择要添加到报表的字段】列表框中拖曳字段至相应的区域，如下图所示。

7 查看效果

完成数据透视图的创建后，效果如下图所示。

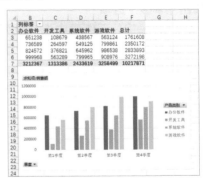

175

8.5.2 通过数据透视表创建数据透视图

通过数据透视表创建数据透视图的具体操作步骤如下。

1 选择堆积型图表类型

选择"Sheet2"工作表，并选择数据透视表中的任意单元格，单击【分析】选项卡下【工具】选项组中的【数据透视图】按钮，弹出【插入图表】对话框。选择堆积型图表类型，单击【确定】按钮。

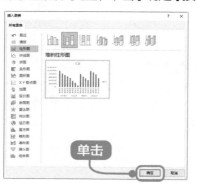

2 查看效果

创建一个数据透视图，如下图所示。

8.6 编辑数据透视图

本节视频教学时间 / 4 分钟

创建数据透视图以后，就可以对它进行编辑了。对数据透视图的编辑包括修改其布局、数据在透视图中的排序、数据在透视图中的显示等。

8.6.1 重组数据透视图

通过修改数据透视图的布局，从而重组数据透视图。

1 单击【季度】选项

在"Sheet2"工作表中选择创建数据透视图，在【数据透视图字段】窗格中将【轴（类别）】列表框中的【季度】字段拖曳至【图例（系列）】列表框中。

2 查看效果

将【季度】选项拖曳到【图例（系列）】列表框后，即可更改透视图的显示方式，效果如下图所示。

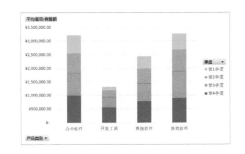

8.6.2 删除数据透视图中的某些数据

用户可以根据需要，删除数据透视图中的某些数据，使其在数据透视图中不显示出来。

1 单击【产品类别】按钮

选择"Sheet3"工作表，在数据透视图上单击【产品类别】按钮，在弹出的下拉菜单中取消选中【开发工具】复选框，然后单击【确定】按钮。

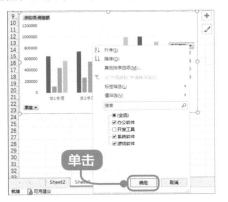

2 查看效果

可取消开发工具销售额在数据透视表及数据透视图中的显示。

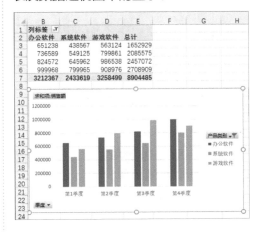

8.6.3 更改数据透视图排序

数据透视图创建完成后，为更加方便查看，可根据需要将数据透视图进行排序。

1 单击【排序】按钮

再次单击【产品类别】按钮，在弹出的下拉菜单中选中【开发软件】复选框，然后单击【确定】按钮，即可显示所有数据。选择数据透视表中任意一个单元格，单击【数据】选项卡下【排序和筛选】选项组中的【排序】按钮。

② 设置排序方式

在弹出的【按值排序】对话框中，选中【排序选项】选项组中的【升序】单选按钮，再选中【排序方向】选项组中的【从左到右】单选按钮，然后单击【确定】按钮。

③ 查看效果

可看到排序后的效果，如下图所示。

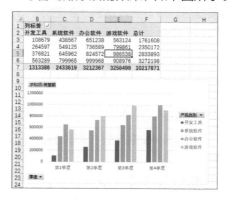

8.7 美化数据透视图

本节视频教学时间 / 10 分钟

创建数据透视图并编辑好以后，可以对它进行美化，使其看起来更加美观。下面就关于设置图表标题、设置图表区格式、设置绘图区格式来讲解如何美化数据透视图。

8.7.1 设置图标题

图表标题是说明性的文本，可以自动地与坐标轴对齐或在图表顶部居中，有图表标题和坐标轴标题两种。

① 显示图表标题

选择"Sheet3"工作表中创建的数据透视图，然后单击【设计】选项卡下【图表布局】选项组中的【添加图表元素】按钮，在弹出的下拉列表中选择【图表标题】➤【图表上方】选项。

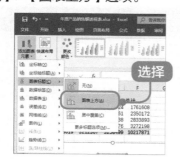

② 输入图标题

可在数据透视图上方显示标题文本框，删除文本框中的文字，并输入文字"产品年度销售额透视图"，效果如下图所示。

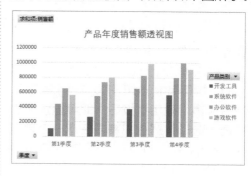

3 选择【设置图表标题格式】菜单命令

选中图表标题，单击鼠标右键，在弹出的快捷菜单中选择【设置图表标题格式】选项。

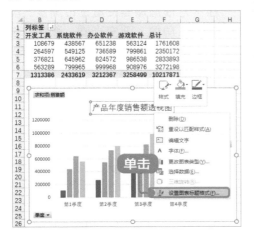

4 设置标题格式

弹出【设置图表标题格式】窗格，在【填充】区域选中【纯色填充】单选按钮，在【颜色】下拉列表中选择"绿色"。

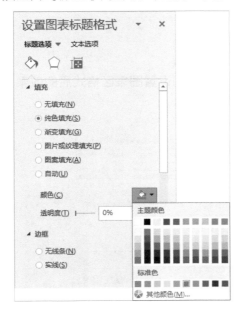

5 查看效果

可看到设置图表标题填充颜色后的效果，如下图所示。

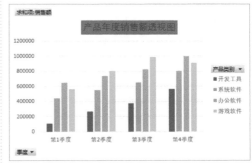

6 设置图表标题文字样式

选择图表标题文本框，在【开始】选项卡下【字体】选项组中设置【字体】为"微软雅黑"，【字号】为"12"，【字体颜色】为"白色"。

7 查看效果

完成图表标题的设置后，效果如下图所示。

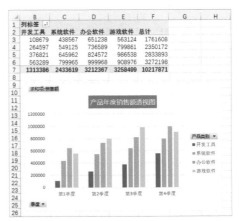

8.7.2 设置图表区格式

整个图表及图表中的数据称为图表区，设置图表区格式的具体操作步骤如下。

1 设置图表区域格式

选中图表区，单击鼠标右键，在弹出的快捷菜单中选择【设置图表区域格式】选项。

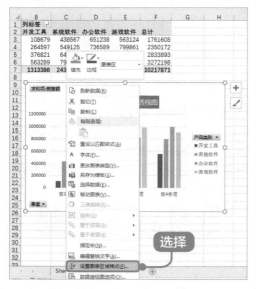

2 选中【渐变填充】单选按钮

弹出【设置图表区格式】窗格，在【填充】选项组中选中【渐变填充】单选按钮。

3 设置渐变样式

在下方根据需要设置预设渐变、类型、方向、角度、渐变光圈、颜色、位置等，设置完成，关闭【设置图表区格式】窗格。

4 查看效果

可看到设置图表区格式后的效果，如下图所示。

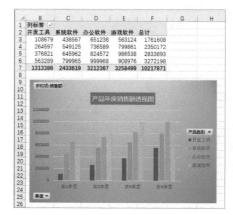

8.7.3 设置绘图区格式

绘图区主要显示数据表中的数据，设置绘图区格式的具体操作步骤如下。

1 选择【设置绘图区格式】菜单命令

选中绘图区，单击鼠标右键，在弹出的快捷菜单中选择【设置绘图区格式】选项。

2 设置填充与线条

弹出【设置绘图区格式】窗格，选择【填充与线条】选项卡，设置【填充】为"纯色填充"，并设置一种颜色，设置【边框】为"无线条"。

3 设置效果

在【效果】选项卡下选择【三维格式】选项，根据需要选择【顶部棱台】【底部棱台】效果，并分别设置顶部和底部的【宽度】【高度】为"6磅"，然后单击【关闭】按钮。

4 查看效果

完成绘图区的设置后，效果如下图所示。

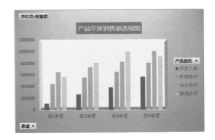

5 保存工作表

单击【保存】按钮保存工作簿，完成年度产品销售额数据透视表及数据透视图的制作，最终效果如下图所示。

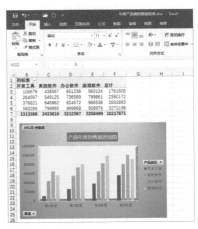

 高手私房菜

技巧 1： 格式化数据透视表中的数据

用户可以根据需要格式化数据透视表中的数据，使格式满足用户操作需求。

① 选择【值字段设置】菜单命令

在需要设置数字格式的单元格上单击鼠标右键，在弹出的快捷菜单中选择【值字段设置】选项，弹出【值字段设置】对话框，单击【数字格式】按钮。

② 设置数字格式

弹出【设置单元格格式】对话框，选择一种数字格式，单击【确定】按钮，完成数字格式的设置。

技巧 2： 刷新数据透视表

数据透视表不能自动更新数据，必须通过手动刷新才可以更新数据。以下即为具体的操作方法。

① 修改数据源

打开创建的数据透视表，修改源数据，如将第 1 季度的系统软件销售额由"438567"修改为"200000"。

年度产品销售额透视表		
产品类别	季度	销售额
系统软件	第1季度	¥ 200,000.00
办公软件	第1季度	¥ 651,238.00
开发工具	第1季度	¥ 108,679.00
游戏软件	第1季度	¥ 563,124.00
系统软件	第2季度	¥ 549,125.00
办公软件	第2季度	¥ 736,589.00
开发工具	第2季度	¥ 264,597.00
游戏软件	第2季度	¥ 799,861.00
系统软件	第3季度	¥ 645,962.00
办公软件	第3季度	¥ 824,572.00

② 检查数据透视表数据是否更新

修改数据后，可以看到使用该数据源创建的数据透视表中的数据并没有自动更新。

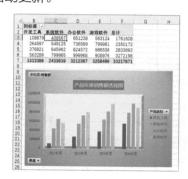

3 单击【刷新】按钮

单击【分析】选项卡下【数据】选项组中的【刷新】按钮。

4 查看更新后效果

可看到数据透视表及数据透视图中的数据更新为修改后的数据，如下图所示。

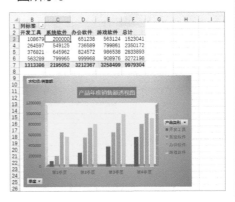

技巧3：移动数据透视表

数据透视表可以在同一工作表中移动位置，也可以移动到新工作表中，在同一工作表中移动数据透视表的具体操作步骤如下。

1 移动数据透视表

选择整个数据透视表，单击【分析】选项卡下【操作】选项组中的【移动数据透视表】按钮，弹出【移动数据透视表】对话框，选择【现有工作表】单选按钮，在【位置】文本框中选择要移动到的位置，单击【确定】按钮。

2 查看效果

可将数据透视表移动到同一工作表中新指定的位置，移动前后效果如下图所示。

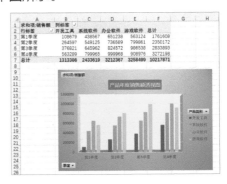

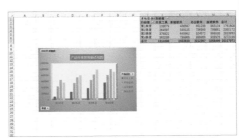

> 📢 提示
>
> 在【移动数据透视表】对话框中的【选择放置数据透视表的位置】选项组中选中【新工作表】单选按钮，然后单击【确定】按钮，数据透视表就会移动到新工作表中。

举一反三

　　制作数据透视表相对来说是很简单的，就是将数据变成表格的形式呈现出来，让数据的分类更加简单明了。除了年度产品销售额透视表以外，用户还可以参照本章操作制作各类透视表等。

第 9 章

Excel 的数据分析功能
——分析成绩汇总表

本章视频教学时间 / 1 小时 9 分钟

🎧 **重点导读**

Excel 提供了较强的数据分析功能，用户可以方便、快捷地完成专业的数据分析。

📖 **学习效果图**

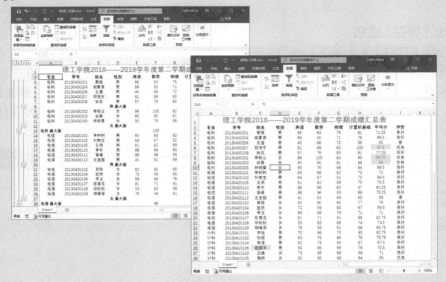

9.1 设计成绩汇总表

本节视频教学时间 / 8 分钟

直接利用 Excel 2019 设计成绩汇总表非常简单，新建一个工作簿，输入成绩汇总表的内容即可，用户还可以根据需要对表格内容进行管理。设计完成绩汇总表之后，可以对成绩汇总表进行排序、挑选以及汇总等操作。

（1）内容分析：成绩汇总表主要用于记录学生（或员工）的考核成绩，其中详细描述了每个学生的基本情况。

（2）受众分析：通过查看成绩汇总表，组织考试者或参与考试方均可快速找到自己想要的成绩信息，并且可以对数据进行纵向和横向的全面分析。

在对成绩汇总表进行相应操作之前，首先需要创建成绩汇总表。

1 启动 Excel 2019

启动 Excel 2019，新建一个空白的工作簿。

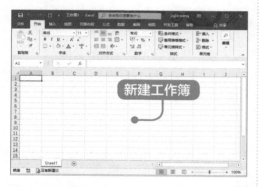

2 单击【保存】按钮

选择【文件】➤【保存】选项，在弹出的【另存为】对话框中输入文件名，并选择保存的位置，然后单击【保存】按钮。

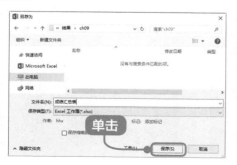

3 输入标题

在"成绩汇总表"工作簿中选择 A1 单元格并输入"理工学院 2018——2019 学年度第二学期成绩汇总表"。

4 单击【加粗】按钮

选择 A1:J1 单元格区域，在【开始】选项卡下单击【对齐方式】选项组中的【合并后居中】按钮。在【字体】选项组中的【字号】文本框中输入"20"，单击【字体颜色】按钮，设置字体颜色为深红色单击【加粗】按钮将标题加粗显示。

⑤ 输入表头信息

在 A2:J2 单元格区域依次输入"专业""学号""姓名""性别""英语""数学""物理""计算机基础""平均分"以及"评价"作为表头信息。

⑥ 设置对齐方式

选择 A2:J2 单元格区域，在【开始】选项卡下【字体】选项组中的【字号】文本框中输入"12"，并单击【加粗】按钮 **B**，然后单击【对齐方式】选项组中的【居中】按钮，将表头居中显示。

⑦ 调整表格列宽

在 A3:J30 单元格区域输入表格内容，并根据表格内容调整表格的列宽，效果如下图所示（上述内容不必全部输

入，读者可打开"素材 \ch09\ 分析成绩汇总表 .xlsx"文件，直接进行后面关键内容的学习）。

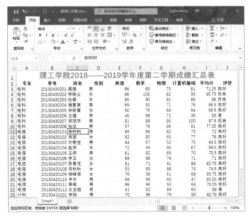

⑧ 设置字体

选择 A3:J30 单元格区域，在【开始】选项卡下【字体】选项组中的【字号】文本框中输入"11"，然后单击【对齐方式】选项组中的【居中】按钮，将表格内容居中显示。

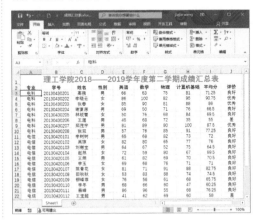

9.2 排序数据

本节视频教学时间 / 13 分钟

Excel 默认是根据单元格中的数据进行排序的。本节将详细介绍如何根据需要对

"成绩汇总表"进行排序。

9.2.1 单条件排序

单条件排序就是依据某列的数据规则对数据进行排序。对成绩汇总表中的"平均分"列进行排序的具体操作步骤如下。

1 选择单元格

在"成绩汇总表"工作簿中，选择"平均分"列中的任意一个单元格。

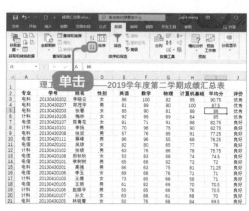

2 排列数据

切换到【数据】选项卡，单击【排序和筛选】选项组中的【降序】按钮，即可快速地将平均分从高到低进行排序。

> **提示**
>
> 选择要排序的列的任意一个单元格，单击鼠标右键，在弹出的快捷菜单中选择【排序】➤【升序】选项或【排序】➤【降序】选项，也可以排序。默认情况下，排序时会把第1行作为标题行，标题行不参与排序。

9.2.2 多条件排序

多条件排序就是依据多列的数据规则对数据表进行排序。对成绩汇总表中的"英语""数学""物理"和"平均分"等成绩从高分到低分排序的操作步骤如下。

1 选择区域单元格

选择数据区域中的任意一个单元格。

2 单击【排序】按钮

在【数据】选项卡下，单击【排序和筛选】选项组中的【排序】按钮。

> **提示**
>
> 使用右键单击任意一个单元格，在弹出的快捷菜单中选择【排序】➤【自定义排序】选项，也可以弹出【排序】对话框。

3 单击【添加条件】按钮

弹出【排序】对话框，在【主要关键字】下拉列表、【排序依据】下拉列表和【次序】下拉列表中，分别进行如下图所示的设置。单击【添加条件】按钮，可以增加条件，根据需要对次要关键字进行设置。

4 单击【确定】按钮

全部设置完成后，单击【确定】按钮。

> 📢**提示**
>
> 在 Excel 2019 中，多条件排序可以设置 64 个关键词。如果进行排序的数据没有标题行，或者需要让标题行也参与排序，可以在【排序】对话框中取消勾选【数据包含标题】复选框。

9.2.3 按行排序

在 Excel 2019 中，除了可以进行多条件排序外，还可以对行进行排序。对成绩汇总表按行排序的具体操作步骤如下。

1 选择 A2 单元格

在成绩汇总表中选择 A2:J30 单元格区域。

2 单击【确定】按钮

在【数据】选项卡下，单击【排序和筛选】选项组中的【排序】按钮，弹出【排序】对话框。单击【删除条件】按钮，删除所有的"次要关键字"，单击【选项】按钮，弹出【排序选项】对话框，选中【按行排序】单选按钮，单击【确定】按钮。

3 设置【排序依据】

返回【排序】对话框，然后在【主要关键字】下拉列表中选择要排序的行（如"行2"），单击【删除条件】，然后设置【排序依据】和【次序】选项，设置完成后单击【确定】按钮。

提示

按行排序时，在【排序】对话框中的【主要关键字】下拉列表中将显示工作表中输入数据的行号，用户不能选择没有数据的行进行排序。

4 最终效果图

按行排序后调整列宽，最终效果如下图所示。

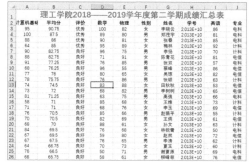

9.2.4 按列排序

按列排序是最常用的排序方法，可以根据某列数据对列表进行升序或者降序排列。本小节介绍对成绩汇总表中的"数学"字段按由高到低的顺序排序。

1 选择数据区域任意单元格

按【Ctrl+Z】组合键撤销上一节设置的排序，在"成绩汇总表"工作表中选择数据区域内的任意一个单元格。

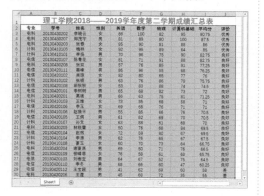

2 选中【按列排序】单选按钮

在【数据】选项卡下，单击【排序和筛选】选项组中的【排序】按钮，弹出【排序】对话框，单击【删除条件】按钮，删除所有的"次要关键字"，单击【选项】按钮，弹出【排序选项】对话框，选中【按列排序】单选按钮，单击【确定】按钮。

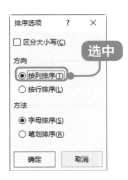

提示

在按列排序时，要先选定该列的某个数据，再进行排序，不能选择该列中的空单元格。当列的值相同时，可以进行多列排序，方法同"多条件排序"。

4 效果图

设置按列排序后，数学成绩降序排列，显示效果如下图所示。

3 单击【确定】按钮

在【排序】对话框中，勾选【数据包含标题】选择框，设置【主要关键字】为"数学"，【排序依据】为"单元格值"，【次序】为"降序"，设置完成后单击【确定】按钮。

9.2.5 自定义排序

在 Excel 中，如果使用以上的排序方法仍然达不到要求，可以使用自定义排序。在"分析成绩汇总表"工作簿中使用自定义排序的具体操作步骤如下。

1 选择【选项】选项

选择【文件】选项卡，在弹出的界面左侧列表中选择【选项】选项。

2 单击【编辑自定义列表】按钮

弹出【Excel 选项】对话框。在左侧列表框中选择【高级】选项，在【常规】选项组中，单击【编辑自定义列表】按钮。

3 单击【确定】按钮

弹出【自定义序列】对话框，在【输入序列】文本框中输入如下图所示的序列，然后单击【添加】按钮。设置完成后单击【确定】按钮。

4 选择数据区域单元格

返回【Excel 选项】对话框，单击【确定】按钮，返回 Excel 工作界面，选择 A2:J30 单元格区域。

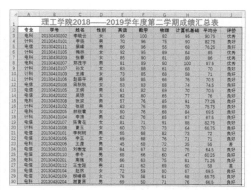

5 单击【排序】按钮

在【数据】选项卡下，单击【排序和筛选】选项组中的【排序】按钮，弹出【排序】对话框。

6 选择【自定义序列】选项

在【主要关键字】下拉列表中选择【评价】选项，在【次序】下拉列表中选择【自定义序列】选项。

7 选择相应的序列

弹出【自定义序列】对话框，选择相应的序列，然后单击【确定】按钮。

定】按钮，关闭【排序】对话框。数据按自定义的序列进行排序，效果如下图所示。

8 效果图

返回【排序】对话框。再次单击【确

9.3 筛选数据

本节视频教学时间 / 13 分钟

在数据清单中，如果需要查看一些特定数据，就要对数据清单进行筛选，即从数据清单中选出符合条件的数据，将其显示在工作表中，而将不符合条件的数据隐藏起来。Excel 有自动筛选器和高级筛选器两种筛选数据的工具，使用自动筛选器是筛选数据列表极其简便的方法，而利用高级筛选器则可以设置复杂的筛选条件。

9.3.1 自动筛选

自动筛选器提供了快速访问数据列表的管理功能。通过简单的操作，用户就能够筛选掉那些不想看到或者不想打印的数据。而在使用自动筛选命令时，可以选择使用单条件筛选和多条件筛选命令。

1. 单条件筛选

所谓的单条件筛选，就是将符合一种条件的数据筛选出来。

下面介绍如何将"分析成绩汇总表"中的"电科"专业的学生筛选出来。

1 选择数据区域

将工作表按照学号升序排列，然后选择数据区域任意一个单元格。

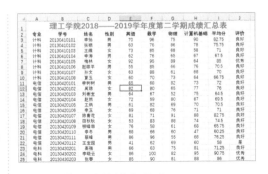

2 进入【自动筛选】状态

在【数据】选项卡下，单击【排序

和筛选】选项组中的【筛选】按钮，进入【自动筛选】状态，此时在标题行每列的右侧出现一个下拉箭头。

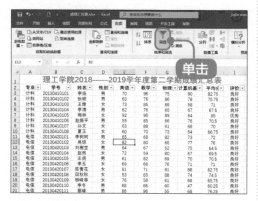

3 单击【确定】按钮

单击【专业】列右侧的下拉箭头，在弹出的下拉列表中取消勾选【全选】复选框，勾选【电科】复选框，单击【确定】按钮。

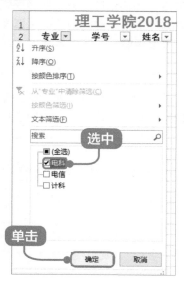

4 隐藏记录

经过筛选后的数据清单如下图所示，可以看出仅显示"电科"专业的学生成绩表，其他记录被隐藏。

> **提示**
> 再次单击【数据】选项卡下【排序和筛选】选项组中的【筛选】按钮，即可退出"筛选"状态。

2. 多条件筛选

多条件筛选就是将符合多个条件的数据筛选出来。将成绩汇总表中"平均分"为 70 分和 85 分的学生筛选出来的具体操作步骤如下。

1 单击【筛选】按钮

在成绩汇总表中选择数据区域内的任意一个单元格。在【数据】选项卡下，单击【排序和筛选】选项组中的【筛选】按钮。

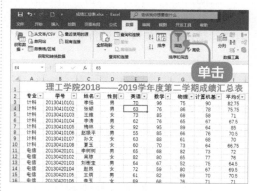

2 进入【自动筛选】状态

进入【自动筛选】状态，单击【平均分】列右侧的下拉箭头，在弹出的下拉列表中取消勾选【全选】复选框，勾选【71】和【85】复选框，单击【确定】按钮。

9.3.2 高级筛选

如果要对字段设置多个复杂的筛选条件，可以使用 Excel 提供的高级筛选功能。下面介绍如何将"电科"专业的"女生"筛选出来。

1 输入内容

在 E36 单元格中输入"专业"，在 E37 单元格中输入"电科"，在 F36 单元格中输入"性别"，在 F37 单元格中输入"女"，然后按【Enter】键。

2 单击【高级】按钮

单击成绩汇总表中的任意一个单元格，然后在【数据】选项卡中，单击【排序和筛选】选项组中的【高级】按钮。

3 筛选结果图

筛选后的结果如下图所示。

> **提示**
>
> 进行筛选操作后，在列标题右侧的下拉箭头上将显示"漏斗"图样，将鼠标指针放在"漏斗"图标上，会显示出相应的筛选条件。

> **提示**
>
> 在使用高级筛选功能之前，应先建立一个条件区域，条件区域用来指定筛选的数据所必须满足的条件。在条件区域中，要求包含作为筛选条件的字段名，字段名下面必须有两个空行，一行用来输入筛选条件，另一空行用来把条件区域和数据区域分开。

3 单击【确定】按钮

弹出【高级筛选】对话框。分别单击【列表区域】和【条件区域】文本框右侧的按钮，设置列表区域和条件区域。设置完成之后，单击【确定】按钮。

4 显示结果

显示筛选出符合条件区域的数据，如图所示。

> **提示**
>
> 在【高级筛选】对话框中选中【将筛选结果复制到其他位置】单选按钮，【复制到】文本框则呈高亮显示，然后选择单元格区域，筛选的结果将被复制到所选的单元格区域中。

9.3.3 自定义筛选

自定义筛选分为模糊筛选、范围筛选和通配符筛选 3 类。

1. 模糊筛选

使用模糊筛选，将成绩汇总表中姓名为"王"的学生筛选出来。

1 单击【筛选】按钮

在成绩汇总表中，选择数据区域内的任意一个单元格，单击【数据】选项卡下【排序和筛选】选项组中的【筛选】按钮，进入筛选状态。

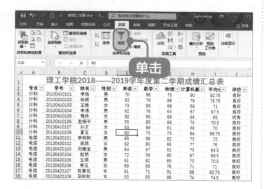

2 选择【开头是】选项

单击【姓名】列右侧的下拉箭头，

在弹出的下拉列表中选择【文本筛选】▶【开头是】选项。

3 设置【开头是】、【王】选项

弹出【自定义自动筛选方式】对话框，在【显示行】选项组中设置【开头是】【王】选项，如下图所示。

4 筛选结果图

单击【确定】按钮，关闭【自定义自动筛选方式】对话框，显示的筛选结果如下图所示。

5 效果图

按照1~4步同样可以筛选出姓李的同学，筛选结果如下图所示。

2. 范围筛选

将成绩汇总表中英语成绩大于等于"70"分，小于等于"90"分的学生筛选出来。

1 单击【筛选】按钮

在成绩汇总表中，选择数据区域内的任意一个单元格，单击【数据】选项卡下【排序和筛选】选项组中的【筛选】按钮，进入筛选状态。

2 选择【介于】选项

单击【英语】列右侧的下拉箭头，在弹出的下拉列表中选择【数字筛选】➢【介于】选项。

3 输入"70"

弹出【自定义自动筛选方式】对话框，在【大于或等于】右侧的文本框中输入"70"，选中【与】单选项，并在下方【小于或等于】右侧的文本框中输入"90"，单击【确定】按钮。

4 显示筛选结果

此时，即可看到显示的筛选结果。

3. 通配符筛选

使用通配符筛选，将成绩汇总表中名字为两个字的姓"王"的学生筛选出来。

1 单击【筛选】按钮

在成绩汇总表中，选择数据区域内的任意一个单元格，在【数据】选项卡下，单击【排序和筛选】选项组中的【筛选】按钮，进入筛选状态。

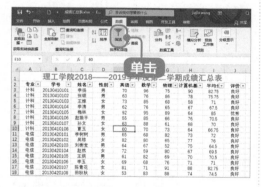

2 选择【自定义筛选】选项

单击【姓名】列右侧的下拉箭头，在弹出的下拉列表中选择【文本筛选】➤【自定义筛选】选项。

3 单击【确定】按钮

弹出【自定义自动筛选方式】对话框，在【等于】右侧的文本框中输入"王？"，单击【确定】按钮。

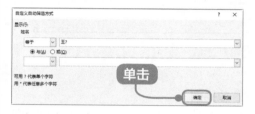

4 效果图

此时，即可将满足条件的数据筛选出来，效果如下图所示。

> **提示**
>
> 通常情况下，通配符"？"表示任意一个字符，"*"表示任意多个字符。"？"和"*"需要在英文输入状态下输入。

9.4 使用条件格式

本节视频教学时间 / 6 分钟

在 Excel 中，使用条件格式可以方便、快捷地将符合要求的数据突出显示出来，使工作表中的数据一目了然。

9.4.1 条件格式综述

条件格式是指当条件为真时，Excel 自动应用于所选的单元格的格式，即在所选的单元格中，不符合条件的以一种格式显示，符合条件的以另一种格式显示。

设定条件格式，可以让用户基于单元格内容，有选择地和自动地应用单元格格式。例如，通过设置，使区域内所有小于"60"的数值有一个浅红色的背景色。当输入或者改变区域中的值时，如果数值小于"60"，背景就变化，否则不应用任何格式。

> 📢 提示
>
> 另外，应用条件格式还可以快速地标识不正确的单元格输入项或者特定类型的单元格，而使用一种格式（如红色的单元格）来标识特定的单元格。

9.4.2 设定条件格式

对一个单元格或单元格区域应用条件格式，能够使数据信息表达得更清晰。

▇ 单击【条件格式】按钮

选择单元格或单元格区域，在【开始】选项卡下，单击【样式】选项组中的【条件格式】按钮，弹出如图所示的下拉列表。

2 设置条件规则

在【突出显示单元格规则】子菜单中，可以设置【大于】【小于】【介于】等条件规则。

3 单击【新建规则】选项

在【数据条】子菜单中，可以使用内置样式设置条件规则，设置后会在单元格中以各种颜色显示数据的分类。

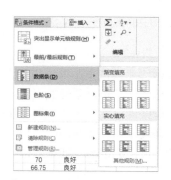

4 设定条件规则

单击【新建规则】选项，弹出【新建格式规则】对话框，从中可以根据自己的需要设定条件规则。

9.4.3 管理和清除条件格式

设定条件格式后，可以对其进行管理和清除。

1. 管理条件格式

如果对设置的条件格式不是很满意，还可以管理条件格式。

1 选择【管理规则】选项

选择设置条件格式的区域，在【开始】选项卡下，单击【样式】选项组中的【条件格式】按钮 条件格式 ，在弹出的下拉列表中选择【管理规则】选项。

2 设置条件规则

弹出【条件格式规则管理器】对话框，在此列出了所选区域的条件格式，可以在此新建、编辑和删除设置的条件规则。

提示

在【条件格式规则管理器】对话框中单击【新建规则】按钮，在弹出的【新建格式规则】对话框中，可设置新建的规则格式；单击【编辑规则】按钮，在弹出的【编辑格式规则】对话框中，可编辑规则格式。

2. 清除条件格式

除了可以在【条件格式规则管理器】对话框中删除规则外，还可以通过以下方式删除规则。

选择设置条件格式的区域，在【开始】选项卡下，单击【样式】选项组中的【条件格式】按钮，在弹出的下拉列表中选择【清除规则】选项，在其子菜单中选择【清除所选单元格的规则】选项，即可清除选择区域中的条件规则；选择【清除整个工作表的规则】选项，则可清除此工作表中所有设置的条件规则。

9.5 突出显示单元格效果

本节视频教学时间 / 4 分钟

使用条件格式易于达到以下效果：突出显示所关注的单元格或单元格区域；强调异常值；使用数据条、颜色刻度和图标集来直观地显示数据。

1. 突出显示"成绩优秀"的学生

下面详细介绍如何在成绩汇总表中突出显示成绩优秀的学生，即平均分大于85的学生。

1 选择 I3:I30 单元格区域

在成绩汇总表中选择 I3:I30 单元格区域。

2 选择【大于】选项

在【开始】选项卡下，单击【样式】选项组中的【条件格式】按钮，在弹出的下拉列表中选择【突出显示单元格规则】▶【大于】选项。

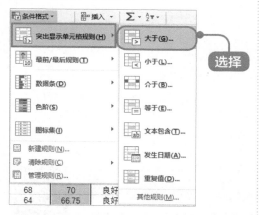

3 单击【确定】按钮

在弹出的【大于】对话框的文本框中输入"85"，在【设置为】下拉列表中选择【浅红填充色深红色文本】选项，设置完成后单击【确定】按钮。

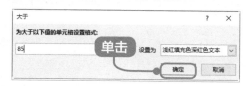

4 显示成绩

表中突出显示成绩大于等于"85"的学生，效果如下图所示。

2. 突出显示"赵振平"的记录

下面详细介绍如何在成绩汇总表中突出显示"赵振平"的记录。

1 选择单元格区域 C3:C30

在成绩汇总表中选择单元格区域C3:C30。

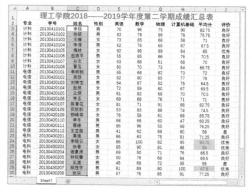

2 选择【文本包含】选项

单击【开始】选项卡下【样式】选项组中的【条件格式】按钮，在弹出的下拉列表中选择【突出显示单元格规则】▶【文本包含】选项。

③ 单击【确定】按钮

在弹出的【文本中包含】对话框的文本框中输入"赵振平",在【设置为】下拉列表中选择【浅红色填充】选项,然后单击【确定】按钮。

④ 显示效果图

查看突出显示内容为"赵振平"的文本,如下图所示。

9.6 设置数据的有效性

本节视频教学时间 / 10 分钟

在向工作表中输入数据时,为了防止输入错误的数据,可以为单元格设置有效的数据范围,即限制用户只能输入指定范围内的数据,这样可以极大地降低数据处理操作的复杂性。

9.6.1 设置字符长度

学生的学号通常由固定位数的数字组成,可以通过设置学号的有效性,实现多输入一位或少输入一位数字就会给出错误提示的效果,以避免出现错误。

① 选择【数据验证】选项

选择 B3:B30 单元格区域,在【数据】选项卡下,单击【数据工具】选项组中的【数据验证】按钮,在弹出的下拉列表中选择【数据验证】选项。

② 单击【确定】按钮

弹出【数据验证】对话框,选择【设置】选项卡,在【允许】下拉列表中选择【文本长度】选项，在【数据】下拉列表中选择【等于】选项，在【长度】文本框中输入"11"，单击【确定】按钮。

3 弹出错误提示框

返回工作表，在 B3:B30 单元格区域输入学号，如果输入小于 11 位或大于 11 位的学号，就会弹出出错信息提示框。

9.6.2 设置输入错误时的警告信息

如何才能使警告或提示的内容更具体呢？可以通过设置警告信息来实现。

1 选择【出错警告】选项卡

接着上一小节的操作，选择 B3:B30 单元格区域。在【数据】选项卡下，单击【数据工具】选项组中的【数据验证】按钮，在弹出的下拉列表中选择【数据验证】选项，弹出【数据验证】对话框，选择【出错警告】选项卡。

这里在 B30 单元格中输入错误学号"201004102167"，然后按【Enter】键，弹出错误提示框，如下图所示。

4 正确输入

单击【重试】按钮，只有输入 11 位数的学号时，才能正确地输入，而不会弹出错误信息提示框。

23	电科	20130430201	高强
24	电科	20130430202	李晓云
25	电科	20130430203	张春
26	电科	20130430204	谢夏原
27	电科	20130430205	林锐雪
28	电科	20130430206	王渥
29	电科	20130430207	郑茂宇
30	电科	20130430208	张双
31			

2 单击【确定】按钮

在【样式】下拉列表中选择【警告】选项，在【标题】和【错误信息】文本框中输入下图所示的内容，单击【确定】按钮。

3 输入其他学号

将 B30 单元格的内容删除，重新输入其他学号。当输入不符合要求的数字时，就会出现右图所示的警告信息。

9.6.3 设置输入前的提示信息

在用户输入数据前，如果能够提示输入什么样的数据才是符合要求的，那么出错率就会大大降低。比如，在输入学号前，提示用户应输入 11 位数的学号。

1 选择【输入信息】选项卡

在成绩汇总表中选择 B3:B30 单元格区域。在【数据】选项卡下，单击【数据工具】选项组中的【数据验证】按钮，在弹出的下拉列表中选择【数据验证】选项，弹出【数据验证】对话框，选择【输入信息】选项卡。

3 单击 B30 单元格

当单击 B3:B30 单元格区域的任意一个单元格时，就会出现下图所示的提示信息。

2 单击【确定】按钮

在【标题】和【输入信息】文本框中，输入下图所示的内容。然后单击【确定】按钮，返回工作表。

9.7 数据的分类汇总

本节视频教学时间 / 9 分钟

分类汇总是指对数据清单中的数据进行分类，在分类的基础上汇总。分类汇总时，用户不需要创建公式，系统会自动创建公式，对数据清单中的字段进行求和、求平均值和求最大值等函数运算。分类汇总的计算结果，将分级显示出来。

9.7.1 简单分类汇总

使用分类汇总的数据列表，每一列数据都要有列标题。Excel 使用列标题来决定如何创建数据组，以及如何计算总和。在成绩汇总表中创建简单分类汇总的具体步骤如下。

1 单击【升序】按钮

选择 D 列中的任意一个单元格，单击【数据】选项卡下的【排序】按钮，按照"性别"列中的数据进行升序排列。

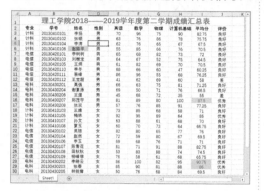

2 单击【分类汇总】按钮

在【数据】选项卡下，单击【分级显示】选项组中的【分类汇总】按钮 分类汇总 。

3 单击【确定】按钮

弹出【分类汇总】对话框，在【分类字段】下拉列表中选择【性别】选项，表示以"性别"字段进行分类汇总，然

后在【汇总方式】下拉列表中选择【最大值】选项，在【选定汇总项】列表框中勾选【平均分】复选框，并勾选【汇总结果显示在数据下方】复选框，单击【确定】按钮。

4 效果图

分类汇总的效果如下图所示。

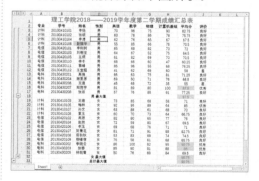

9.7.2 多重分类汇总

在 Excel 2019 中，可以根据两个或更多个分类项，对工作表中的数据进行分类汇总。在成绩汇总表中进行多重分类汇总的具体操作步骤如下。

> **📢 提示**
>
> 对数据进行分类汇总时需要注意：先按分类项的优先级对相关字段排序，再按分类项的优先级多次进行分类汇总。在后面进行分类汇总时，需取消勾选【分类汇总】对话框中的【替换当前分类汇总】复选框。

1 单击【排序】按钮

在成绩汇总表中选择数据区域中的 A3 单元格，单击【数据】选项卡下【排序和筛选】选项组中的【排序】按钮，弹出【排序】对话框。在【主关键字】下拉列表中选择【专业】选项，在【次序】下拉列表中选择【升序】选项；单击【添加条件】按钮，添加次要关键字，在【次要关键字】下拉列表中选择【性别】选项，在【次序】下拉列表中选择【升序】选项，然后单击【确定】按钮。

2 效果图

在工作表中查看排序后的效果如下图所示。

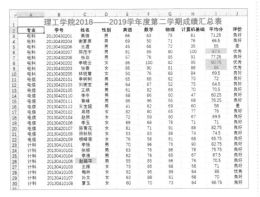

3 勾选【数学】复选框

单击【分级显示】选项组中的【分类汇总】按钮，弹出【分类汇总】对话框。在【分类字段】下拉列表中选择【专业】选项，在【汇总方式】下拉列表中选择【最大值】选项，在【选定汇总项】列表框中勾选【数学】复选框，并勾选【汇总结果显示在数据下方】复选框，单击【确定】按钮。

4 分类汇总效果图

分类汇总后的工作表如下图所示。

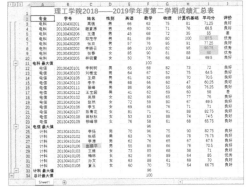

5 单击【确定】按钮

再次单击【分类汇总】按钮，弹出【分类汇总】对话框。在【分类字段】下拉列表中选择【性别】选项，在【汇总方式】下拉列表中选择【最大值】选项，在【选定汇总项】列表框中勾选【平均分】复选框，并取消勾选【替换当前分类汇总】复选框，单击【确定】按钮。

6 建立两重分类汇总

此时，即可看到建立的两重分类汇总。

9.7.3 分级显示数据

在对工作表数据进行分类汇总之后，工作表的窗口中将出现"1""2""3"……
数字，以及"+""-"和大括号，这些符号称为分级显示符号。如果对工作表进行多
重分类汇总，还会出现更多的分级数据，如9.7.2小节中对工作表进行多重分类汇总后，
在工作表的左侧列表中显示了 4 级分类。

1 单击1按钮

单击1按钮，可以直接显示一级汇总数据，一级数据为最高级数据。

2 单击2按钮

单击2按钮，则显示一级和二级数据。二级数据是一级数据的明细数据，同时也是三级数据的汇总数据。

3 单击3按钮

单击3按钮，则显示一级、二级、

三级数据。

4 单击4按钮

单击4按钮，则显示全部数据。

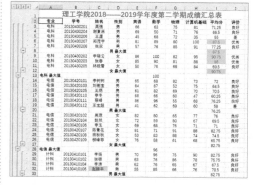

> **提示**
> 单击 + 按钮或 − 按钮，则会显示或隐藏明细数据。

建立分类汇总后，如果修改明细数据，汇总数据会自动更新。

9.7.4 清除分类汇总

如果不再需要分类汇总，可以将其清除。

1 单击【全部删除】按钮

接上面的操作，选择分类汇总后工作表数据区域内的任意一个单元格。在【数据】选项卡下，单击【分级显示】选项组中的【分类汇总】按钮，弹出【分类汇总】对话框。

2 保存表格

单击【全部删除】按钮，即可清除分类汇总。选择【文件】➤【保存】菜单命令即可将其保存。

 高手私房菜

技巧 1：限制只能输入固定电话

固定电话号码（不含区号）只有 7 位或 8 位数字，可以通过设置数据有效性来限制输入。

1 选择【数据验证】选项

选择需要设置数据有效性的单元格区域，在【数据】选项卡下，单击【数据工具】选项组中的【数据验证】按钮，在弹出的下拉列表中选择【数据验证】选项，然后在弹出的【数据验证】对话框中，按照右图所示进行设置。

2 单击【确定】按钮

按照下图所示设置【出错警告】选项卡，然后单击【确定】按钮。

3 弹出出错警告提示框

如果输入错误，就会弹出出错警告提示框，效果如图所示。

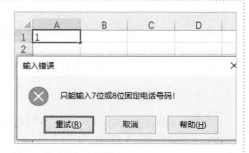

4 输入合理的电话号码

输入合理的电话号码就不会弹出出错警告。

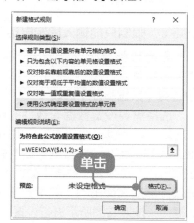

技巧 2: 突出显示日程表中的双休日

可以将日程表中的双休日突出显示出来。

1 选择【新建规则】选项

选择工作表中的单元格区域，在【开始】选项卡下，单击【样式】选项组中的【条件格式】按钮，选择【新建规则】选项。

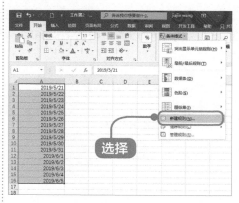

2 单击【格式】按钮

在弹出的【新建格式规则】对话框中，按照下图所示进行设置，并输入公式，单击【格式】按钮。

3 设置填充颜色

在弹出的【设置单元格格式】对话框中，选择【填充】选项卡，从中设置填充颜色，单击【确定】按钮。

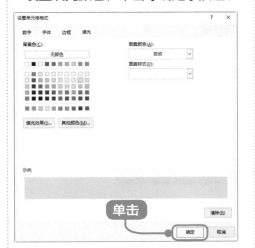

4 单击【确定】按钮

返回【新建格式规则】对话框，再次单击【确定】按钮。

5 查看效果

此时，即可看到双休日突出显示出来。

	A	B	C	D
1	2019/5/21			
2	2019/5/22			
3	2019/5/23			
4	2019/5/24			
5	2019/5/25			
6	2019/5/26			
7	2019/5/27			
8	2019/5/28			
9	2019/5/29			
10	2019/5/30			
11	2019/5/31			
12	2019/6/1			
13	2019/6/2			
14	2019/6/3			
15	2019/6/4			
16	2019/6/5			
17				
18				

制作成绩汇总表的步骤非常简单，即在成绩汇总表的基础上，对表格中的数据进行排序、筛选、设置条件格式、设置数据的有效性以及分类汇总等。不同的表格数据，可以根据实际情况使用 Excel 2019 的不同的数据分析功能。用户除了可以分析成绩汇总表外，还可以参照本章的操作分析工资表、采购明细表、业绩统计表、销售汇总表等。

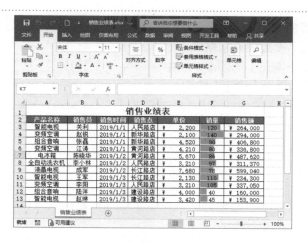

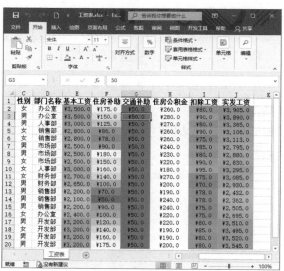

第 10 章

查看与打印工作表
——公司年销售清单

本章视频教学时间 / 42 分钟

🎧 重点导读

要学习 Excel，首先要会查看和打印报表。掌握报表的各种查看方式，可以快速地找到自己想要的信息；了解报表的打印方法，可以将编辑好的文档快速打印出来。

📖 学习效果图

10.1 分析与设计公司年销售清单

本节视频教学时间 / 5 分钟

Excel 是一个强大的表格设计软件，本节将根据某蔬菜公司每年销售、进货、出货等情况，设计该公司的年销售清单。

10.1.1 新建公司年销售清单

销售清单是每个公司都需要制作的，下面就制作一份公司的年销售清单。

1 新建空白工作簿

启动 Excel 2019 软件，并新建空白工作簿。

2 选择【重命名】菜单命令

选择"Sheet1"工作表，单击鼠标右键，在弹出的快捷菜单中选择【重命名】选项，将工作表重命名为"公司年销售清单"。

3 输入内容

将工作表重命名为"公司年销售清单"，依次选择各个单元格区域，分别

输入内容（上述内容不必全部输入，读者可打开"素材 \ch10\ 公司年销售清单 .xlsx"文件，直接进行后面关键内容的学习）。

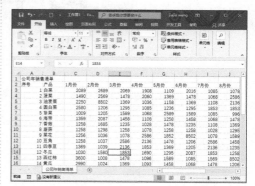

4 单击【保存】按钮

选择【文件】➤【另保存】选项，调用【另存为】对话框，选择需要保存的位置，并将文件命名为"公司年销售清单 .xlsx"，然后单击【保存】按钮。

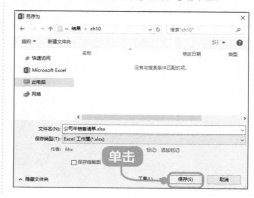

10.1.2 设计公司年销售清单

输入信息后，对表格内容进行调整设置。

1 设置字体格式

在工作簿中，选择 A1 单元格，设置【字体】为"华文行楷"，【字号】为"18"，选择单元格区域 A1:O1。在【开始】选项卡下，单击【对齐方式】选项组中的【合并后居中】按钮。

2 选择单元格区域

在工作簿中，选择单元格区域 A2:O36 的内容，并设置内容的排列、边框及行高等，其效果如下图所示。

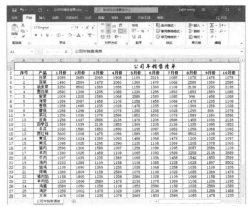

10.2 使用视图方式查看

本节视频教学时间 / 4 分钟

在 Excel 2019 中，还可以用各种视图的方式查看工作表。

10.2.1 普通查看

普通视图是默认的显示方式，即对工作表的视图不做任何修改。可以使用右侧的垂直滚动条和下方的水平滚动条来浏览当前窗口显示不完全的数据。

1 浏览数据

在当前窗口单击右侧的垂直滚动条并向下拖动，即可浏览下面的数据。

2 浏览右侧的数据

单击下方的水平滚动条并向右拖动，即可浏览右侧的数据。

10.2.2 按页面查看

可以使用页面布局视图查看工作表，显示的页面布局即为打印出来的工作表形式，可以在打印前查看每页数据的起始位置和结束位置。

1 设置页面布局形式

选择【视图】选项卡，单击【工作簿视图】选项组中的【页面布局】按钮 ，即可将工作表设置为页面布局形式。

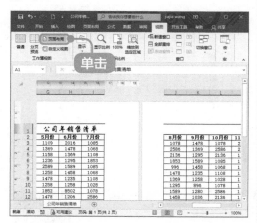

2 隐藏空白区域

将鼠标指针移动到页面的中缝处，当鼠标指针变成"隐藏空格"形状时单击，即可隐藏空白区域，只显示有数据的部分。

3 单击【分页预览】按钮

如果要调整每页显示的数据量，可以调整页面的大小。选择【视图】选项卡，单击【工作簿视图】选项组中的【分页预览】按钮 。

4 切换"分页预览"视图

此时视图即被切换为"分页预览"视图。

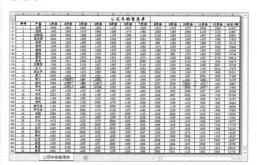

5 调整每页范围

将鼠标指针放至蓝色的虚线处，当鼠标指针变成↔形状时单击并拖动，可以调整每页的范围。

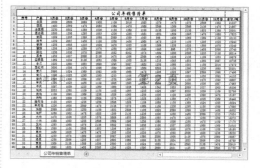

6 显示新的分页情况

再次切换到"页面布局"视图，即可显示新的分页情况。

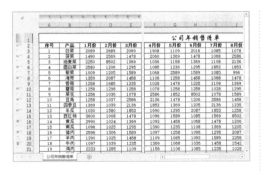

通的视图模式。

7 单击【普通】按钮

单击【视图】选项卡下【工作簿视图】选项组中的【普通】按钮，即可返回普

10.3 对比查看数据

本节视频教学时间 / 5 分钟

如果需要对比不同区域中的数据，可以使用以下方式查看。

10.3.1 在多窗口中查看

可以通过新建一个同样的工作簿窗口，再将两个窗口并排查看、比较来查找需要的数

1 单击【新建窗口】按钮

单击【视图】选项卡下【窗口】选项组中的【新建窗口】按钮，新建 1 个名为"公司年销售清单 .xlsx:2"的同样的窗口，源窗口名称会自动改为"公司年销售清单 .xlsx:1"。

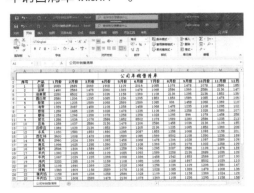

2 单击【并排查看】按钮

选择【视图】选项卡，单击【窗口】选项组中的【并排查看】按钮 ，即可将两个窗口并排放置。

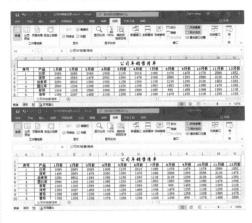

3 单击【同步滚动】按钮

单击【窗口】选项组中的【并排查看】按钮时，系统会自动选中【同步滚动】按钮，即拖动其中一个窗口的滚动条时，另一个也会同步滚动。

4 设置窗口排列方式

单击【全部重排】按钮，弹出【重排窗口】对话框，从中可以设置窗口的排列方式。这里选中【垂直并排】单选项，单击【确定】按钮。

5 查看效果

此时，即可使用垂直方式排列查看窗口。

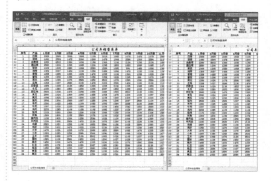

> 📣 提示
>
> 单击【关闭】按钮，即可返回到普通视图。

10.3.2 拆分查看

拆分查看是指在选定单元格的左上角处将表格拆分为 4 个窗格，可以分别拖动水平和垂直滚动条来查看各个窗格的数据。

1 单击【拆分】按钮

选择任意一个单元格，选择【视图】选项卡，单击【窗口】选项组中的【拆分】按钮，即可将表格在选择的单元格左上角处拆分为 4 个窗格。

2 效果图

窗口中有两个水平滚动条和两个垂直滚动条，拖动即可改变各个窗格的显示范围。

10.4 查看其他区域的数据

本节视频教学时间 / 6 分钟

如果工作表中的数据过多，而当前屏幕中只能显示一部分数据，要浏览其他区域的数据时，除了可以使用普通视图中的滚动条外，还可以使用以下的方式查看。

10.4.1 冻结让标题始终可见

冻结查看是指将指定区域冻结、固定，滚动条只对其他区域的数据起作用。

1 选择【冻结首行】选项

选择【视图】选项卡，单击【窗口】选项组中的【冻结窗格】按钮，在弹出的下拉列表中选择【冻结首行】选项，即可冻结首行。

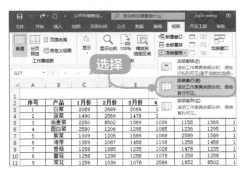

2 拖动垂直滚动条

向下拖动垂直滚动条，首行会一直显示在当前窗口中。

3 选择【取消冻结窗格】选项

在【冻结窗格】下拉列表中选择【取消冻结窗格】选项，即可恢复到普通状态。

4 固定首列

在【冻结窗格】下拉列表中选择【冻结首列】选项，在首列右侧会显示一条黑线，并固定首列。

5 选择【冻结拆分窗格】选项

重复步骤 3，取消冻结窗格，恢复到普通状态，然后选择 C3 单元格，在【冻结窗格】列表中选择【冻结拆分窗格】选项。

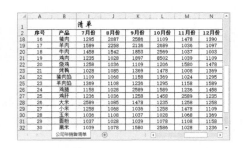

6 单击【冻结窗格】按钮

此时，冻结的是 C3 单元格上面的行和左侧的列。

10.4.2 缩放查看

缩放查看是指将所有的区域或选定的区域缩小或放大，以便显示需要的数据信息。

1 单击【显示比例】按钮

选择【视图】选项卡，单击【显示比例】选项组中的【显示比例】按钮。

2 缩放表格

弹出【显示比例】对话框，选中【75%】单选项，单击【确定】按钮。

3 查看效果

当前区域即可缩至原来大小的 75%，效果如下图所示。

提示

再次单击【冻结窗格】按钮，在下拉列表中选择【取消冻结窗格】选项，即可取消冻结。

4 选择一部分区域

在工作表中选择一部分区域，在【显示比例】对话框中选中【恰好容纳选定区域】单选按钮，则选择的区域被最大化地显示到当前窗口中。

5 单击【缩放到选定区域】按钮

选定一部分区域，然后单击【显示

比例】选项组中的【缩放到选定区域】
按钮，则会将选定的区域最大化地显示
到当前窗口中。

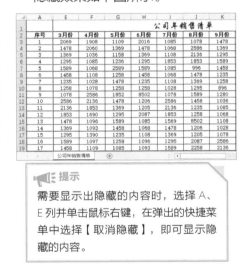

10.4.3 隐藏和查看隐藏

可以将不需要显示的行或列隐藏起来，需要时再显示出来。

1 选择【隐藏】菜单命令

在"公司年销售清单"中选择 B、C、
D 列，在选择的列中的任意地方单击鼠
标右键，在弹出的快捷菜单中选择【隐藏】
选项。

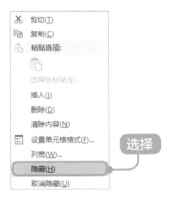

2 隐藏效果图

隐藏效果如下图所示。

提示

需要显示出隐藏的内容时，选择 A、
E 列并单击鼠标右键，在弹出的快捷菜
单中选择【取消隐藏】，即可显示隐
藏的内容。

10.5 设置打印页面

本节视频教学时间 / 13 分钟

设置打印页面是指对已经编辑好的文档进行版面设置，以使其达到满意的输出打
印效果。合理的版面设置不仅可以提升版面的品位，而且可以节约办公费用的开支。

10.5.1 页面设置

在对页面进行设置时，可以对工作表的比例、打印方向等进行设置。
在【页面布局】选项卡下，单击【页面设置】选项组中的按钮，可以对页面进行相应的设置。

（1）【页边距】按钮▥：可以设置整个文档或当前页面边距的大小。

（2）【纸张方向】按钮▤：可以切换页面的纵向布局和横向布局。

（3）【纸张大小】按钮▤：可以选择当前页的页面大小。

（4）【打印区域】按钮▤：可以标记要打印的特定工作表区域。

（5）【分隔符】按钮▥：在所选内容的左上角插入分页符。

（6）【背景】按钮▣：可以选择一幅图像作为工作表的背景。

（7）【打印标题】按钮▤：可以指定在每个打印页重复出现的行和列。

除了可以使用以上 7 个按钮进行页面设置操作外，还可以在【页面设置】对话框中对页面进行设置。具体的操作步骤如下。

1 单击【页面设置】按钮

在【页面布局】选项卡下，单击【页面设置】选项组右下角的【页面设置】按钮▫。

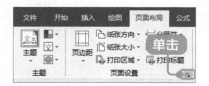

2 单击【确定】按钮

在弹出的【页面设置】对话框中，选择【页面】选项卡，然后进行相应的页面设置，再单击【确定】按钮。

10.5.2 设置页边距

页边距是指纸张上打印内容的边界与纸张边沿间的距离。

1 设置页边距

在【页面设置】对话框的【页边距】选项卡中，可对页边距进行多项设置，如图所示。

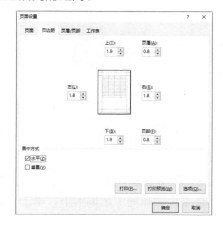

2 快速地设置页边距

在【页面布局】选项卡下，单击【页面设置】选项组中的【页边距】按钮，在弹出的下拉菜单中选择一种内置的布局方式，也可以快速地设置页边距。

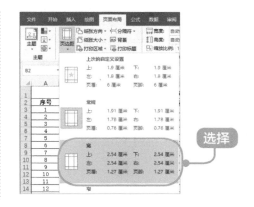

10.5.3 设置页眉页脚

页眉位于页面的顶端，用于标明名称和报表标题。页脚位于页面的底部，用于标明页号、打印日期和时间等。下面介绍设置页眉和页脚的方法。

1 单击【页面设置】按钮

单击【页面布局】选项卡下【页面设置】选项组右下方的【页面设置】按钮 。

2 编辑页眉 / 页脚

在弹出的【页面设置】对话框中，选择【页眉 / 页脚】选项卡，从中可以添加、删除、更改和编辑页眉 / 页脚。

1. 使用内置页眉页脚

Excel 提供了多种页眉和页脚的格式。如果要使用内部提供的页眉和页脚的格式，可以在【页眉】和【页脚】下拉列表中选择需要的格式。

> **提示**
>
> 页眉和页脚并不是实际工作表的一部分，设置的页眉页脚不显示在普通视图中，但可以打印出来。

2. 自定义页眉页脚

如果现有的页眉和页脚格式不能满足需要，也可以自定义页眉或页脚，进行个性化设置。

在【页面设置】对话框中选择【页眉/页脚】选项卡，单击【自定义页眉】按钮，弹出【页眉】对话框。

【页眉】对话框中各个按钮和文本框的作用如下。

（1）【格式文本】按钮 A ：单击该按钮，弹出【字体】对话框，可以设置字体、字号、下划线和特殊效果等。

（2）【插入页码】按钮 ：单击该按钮，可以在页眉中插入页码。添加或者删除工作表时，Excel 会自动更新页码。

（3）【插入页数】按钮 ：单击该按钮，可以在页眉中插入总页数，添加或者删除工作表时，Excel 会自动更新总页数。

（4）【插入日期】按钮 ：单击该按钮，可以在页眉中插入当前日期。

（5）【插入时间】按钮 ：单击该按钮，可以在页眉中插入当前时间。

（6）【插入文件路径】按钮 ：单击该按钮，可以在页眉中插入当前工作簿的绝对路径。

（7）【插入文件名】按钮 ：单击该按钮，可以在页眉中插入当前工作簿的名称。

（8）【插入数据表名称】按钮 ：单击该按钮，可以在页眉中插入当前工作表的名称。

（9）【插入图片】按钮 ：单击该按钮，弹出【插入图片】对话框，从中可以选择需要插入到页眉中的图片。

（10）【左部】文本框：输入或插入的页眉注释将出现在页眉的左上角。

（11）【中部】文本框：输入或插入的页眉注释将出现在页眉的正上方。

（12）【右部】文本框：输入或插入的页眉注释将出现在页眉的右上角。

在【页面设置】对话框中单击【自定义页脚】按钮，弹出【页脚】对话框。

该对话框中各个选项的作用可以参考【页眉】对话框中各个选项的作用。

10.5.4 设置打印区域

默认状态下，Excel 会自动选择有文字的行和列的区域作为打印区域。如果希望打印某个区域内的数据，可以在【打印区域】文本框中输入要打印区域的单元格区域名称，或者用鼠标选择要打印的单元格区域。

单击【页面布局】选项卡下【页面设置】选项组中的【页面设置】按钮 ，弹出【页面设置】对话框，选择【工作表】选项卡，设置相关的选项，然后单击【确定】按钮。

（4）【打印顺序】选项组：选中【先列后行】单选按钮，表示先打印每页的左边部分，再打印右边部分；选中【先行后列】单选按钮，表示在打印下页的左边部分之前，先打印本页的右边部分。

> **提示**
>
> 在工作表中选择需要打印的区域，单击【页面布局】选项卡下【页面设置】选项组中的【打印区域】按钮，在弹出的下拉列表中选择【设置打印区域】选项，即可快速将此区域设置为打印区域。如果要取消打印区域的设置，可以选择【取消打印区域】选项。
>
> 【网格线】复选框：设置是否显示描绘单元格的网格线。
>
> 【单色打印】复选框：指定在打印过程中忽略工作表的颜色。如果是彩色打印机，勾选该复选框可以减少打印的时间。
>
> 【草稿品质】复选框：快速的打印方式，打印过程中不打印网格线、图形和边界，同时也会降低打印的质量。
>
> 【行号列标】复选框：设置是否打印窗口中的行号和列标。默认情况下，这些信息是不打印的。
>
> 【批注】下拉列表：用于设置打印单元格批注，可以在下拉列表中选择打印的方式。

【工作表】选项卡中各个按钮和文本框的作用如下。

（1）【打印区域】文本框：用于选定工作表中要打印的区域。

（2）【打印标题】选项组：当使用内容较多的工作表时，需要在每页的上部显示行或列标题。单击【顶端标题行】或【左端标题行】右侧的 ⬆ 按钮，选择标题行或列，即可使打印的每页上都包含行或列标题。

（3）【打印】选项组：包括【网格线】【单色打印】【草稿品质】【行号列标】复选框，以及【批注】和【错误单元格打印为】下拉列表。

10.6 打印工作表

本节视频教学时间 / 6 分钟

打印的功能是指将编辑好的文本通过打印机打印出来。通过打印预览的所见即所得功能，看到的效果就是打印的实际效果。如果对打印的效果不满意，可以重新对打印页面进行编辑和修改。

10.6.1 打印预览

用户可以在打印之前查看文档的版面布局，从而通过设置得到最佳效果。

1 选择【打印】选项

单击【文件】选项卡，在弹出的窗口左侧选择【打印】选项，在窗口的右侧可以看到预览效果。

页脚边距以及列宽的控制线，拖动边界和列间隔线可以调整输出效果。

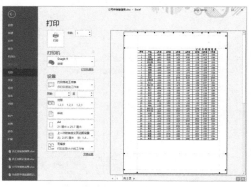

2 调整输出效果

单击窗口右下角的【显示边距】按钮□，可以开启或关闭页边距、页眉和

> **提示**
>
> 在预览窗口的下面，会显示当前的页数和总页数。单击【下一页】按钮或【上一页】按钮，可以预览每一页的打印内容。

10.6.2 打印当前工作表

页面设置好后，在打印之前还需要进行打印选项设置。

1 选择【打印】选项

单击【文件】选项卡，在弹出的窗口左侧选择【打印】选项。

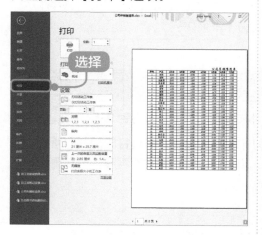

2 设置打印份数

在窗口的中间区域设置打印的份数，选择连接的打印机，设置打印的范围和页码范围，以及打印的方式、纸张、页边距和缩放比例等。

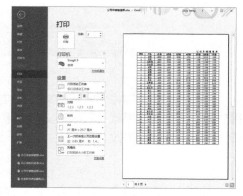

📢 提示

设置完成后单击【打印】按钮，就会显示正在打印的提示。

10.6.3 仅打印指定区域

如果仅打印工作表的一部分，可以对当前工作表进行设置。设置打印指定区域的具体步骤如下。

1 选择单元格区域 A2:G15

选择单元格 A2，在按住【Shift】键的同时单击单元格 G15，选择单元格区域 A2:G15。

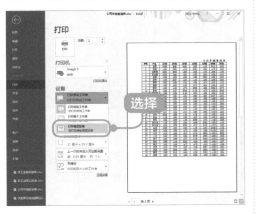

2 选择【打印选定区域】选项

选择【文件】选项卡，在弹出的窗口左侧选择【打印】选项，进入"打印"界面。在【设置】选项区域单击【打印活动工作表】下拉按钮，在弹出的下拉列表中选择【打印选定区域】选项。

📢 提示

如需打印部分数据，可以在选择其中某一个单元格后，按【Shift】键的同时再单击所需要的下一单元格；也可使用鼠标拖曳的方式选择需要打印的部分数据。

3 单击【确定】按钮

单击【设置】选项区域最下方的【页面设置】链接，在弹出的【页面设置】对话框中选择【页边距】选项卡，取消勾选【居中方式】选项组中的【水平】复选框，单击【确定】按钮。

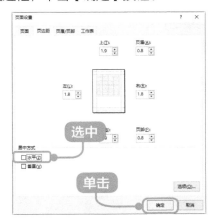

4 单击【打印】按钮

返回打印设置窗口，选择打印机和设置其他选项。单击【打印】按钮，即可打印。

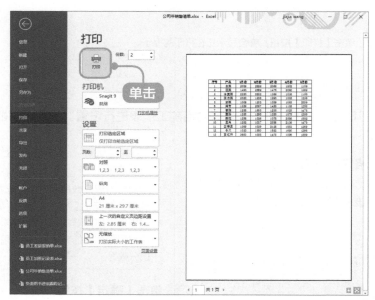

 高手私房菜

技巧 1：显示未知的隐藏区域

如果不能确定工作表中是否有隐藏的行或列，可以通过以下几种方法显示隐藏的行和列。

1 选择所有单元格

首先使用 10.4.3 节的方法，将 B、C、D 列隐藏，然后单击工作区左上角的 ◢ 按钮，即可选择所有的单元格。

并拖动，即可显示隐藏的列。

2 显示隐藏的列

将鼠标指针放在两列列标之间，当鼠标指针变成 ✛ 形状时单击

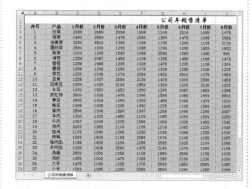

3 显示隐藏的行

将鼠标指针放在两行之间，当鼠标指针变成 ✛ 形状时单击并拖动，即可显示隐藏的行。

序号	产品	1月份	2月份	3月份	4月份	5月份	6月份	7月份
						公司年销售清单		
1	白菜	2089	2689	2069	1908	1109	2016	1085
2	菠菜	1490	2569	1478	2060	1369	1478	1068
3	油麦菜	2250	8502	1369	1036	1158	1369	1108
4	圆白菜	2580	1206	1295	1085	1236	1295	1853
5	紫菜	1009	1205	1589	1068	2589	1589	1085
6	海带	1359	2087	1458	1108	1258	1458	1068
7	香菇	1258	1685	1235	1028	1478	1235	1108
8	蘑菇	1258	1298	1258	1078	1258	1258	1028
9	菜花	1258	1036	1078	2586	1852	8502	1078
10	豆角	1258	1037	2586	2136	1478	1206	2586
11	四季豆	1369	1039	2136	1853	1369	1205	2136
12	冬瓜	1030	1580	1853	1690	1295	2087	1853
13	西红柿	3600	1008	1478	1096	1589	1085	1569
14	黄瓜	2990	1024	1369	1093	1458	1068	1478
15	南瓜	1096	1025	1295	1390	1235	1108	1369
16	猪肉	2596	1306	1589	1097	1258	1096	1295

技巧 2：将所选文字翻译成其他语言

在 Excel 2019 中，可以将所选文字翻译成其他语言，具体操作步骤如下。

1 选择文字

在"公司年销售清单 .xlsx"工作簿中选中要翻译成其他语言的文本，如这里选择 B3 单元格。

2 单击【翻译】按钮

单击【审阅】选项卡下【语言】选项组中的【翻译】按钮。

3 选择要翻译的语言

弹出【翻译工具】任务窗格，单击【目标语言】下拉按钮，在弹出的下拉列表中可以根据需要选择语言，这里选择【英语】。

4 查看效果

此时，在【目标语言】区域中即可看到翻译的语言。

举一反三

打印是工作中经常使用的功能，我们不仅需要打印某种清单、汇总表等，也需要打印各类统计表、报表、工资表等。掌握打印技巧，能更方便更快捷地使用 Excel 2019。

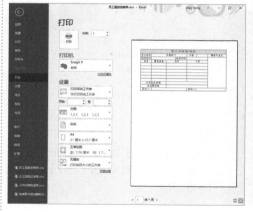

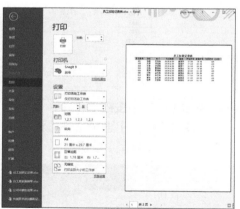

第 11 章

Excel 行业应用
——行政管理

本章视频教学时间 / 49 分钟

🎧 重点导读

作为 Excel 的最新版本，Excel 2019 具有强大的表格制作和设计功能，在行政管理中有着广泛的应用。

📖 学习效果图

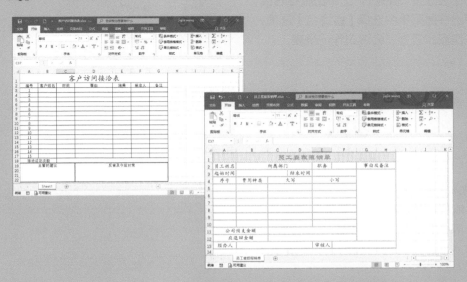

11.1 设计会议议程记录表

本节视频教学时间 / 12 分钟

在日常的行政管理工作中，经常会举行有关不同内容的大大小小的会议。比如，通过会议来进行某项工作的分配、某个文件精神的传达或某个议题的讨论等。这时就需要通过会议记录来记录会议的主要内容和通过的决议等。

会议议程记录表主要用于将会议的内容，如会议名称、会议时间、记录人、参与人、缺席者、发言人记录下来，然后稍作修饰，形成完整且美观的会议议程记录表。

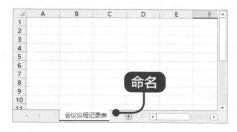

11.1.1 填写表格基本内容

填写表格内容的具体操作步骤如下。

1 打开 Excel 2019

打开 Excel 2019，新建一个工作簿，在工作表标签"Sheet1"上单击鼠标右键，在弹出快捷菜单中选择【重命名】选项，将工作表命名为"会议议程记录表"。

2 输入表头

依次选择 A1:A7 单元格区域，分别输入表头会议议程记录表、召开时间、记录人、会议主题、参加者、缺席者及发言人。

3 选择 E2、E3、B7 和 F7 单元格

分别选择 E2、E3、B7 和 F7 单元格，输入文字召开地点、主持人、内容提要和备注。

11.1.2 设置单元格格式

设置单元格格式的具体操作步骤如下。

1 设置单元格格式

选择 A1:F1 单元格区域，按【Ctrl+1】组合键，打开【设置单元格格式】对话框。

2 勾选【合并单元格】复选框

在弹出的【设置单元格格式】对话框中，选择【对齐】选项卡，在【水平对齐】和【垂直对齐】下拉列表中选择【居中】选项，在【文本控制】区勾选【合并单元格】复选框。

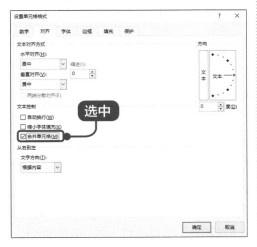

3 单击【确定】按钮

切换到【字体】选项卡，在【字体】列表框中选择"华文新魏"，在【字形】列表框中选择"加粗"，在【字号】列表框中选择"18"，单击【确定】按钮。

4 合并单元格

依次合并 B2:D2、B3:D3、B4:F4、B5:F5 和 B6:F6、B7:E7、B8:E8 单元格区域。

5 设置对齐方式

选择 A2:F7 单元格区域，在【开始】选项卡下，单击【字体】选项组中【字体】文本框后面的下拉箭头，在弹出的下拉列表中选择"楷体"，在【字号】文本框中输入"14"，适当调整列宽以适应文字，并设置对齐方式为垂直和水平对齐。

至 B9:E17 单元格区域，该区域样式会变得和 B8 单元格一样。

6 选择 B8 单元格

选择 B8 单元格，拖曳鼠标向下填充

11.1.3 美化表格

美化表格的具体操作步骤如下。

1 填充颜色

选择 A7:F7 单元格区域，在【开始】选项卡下，单击【字体】选项组中【填充颜色】按钮右侧的下拉按钮 ，在弹出的主体颜色列表中，单击选择要填充的颜色。

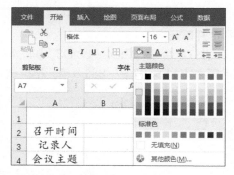

3 最终效果

制作完成后，将其保存为"会议议程记录表 .xlsx"，最终效果如下图所示。

2 选择【所有框线】菜单命令

选择 A1:F17 单元格区域，在【开始】选项卡下，单击【字体】选项组中【边框】按钮 右侧的倒三角箭头，在弹出的下拉菜单中选择【所有框线】选项。

11.2 制作客户访问接洽表

本节视频教学时间 / 9 分钟

客户访问接洽表与来客登记表、来电登记表等相比，相对正式一些，但基本类似，没有太大差别，它主要是行政人员用来对客户的来访信息进行记录的一种表格。

不管是哪种来访或来电记录表，都会包含一些固定的信息，如来访者姓名、来访时间、来访事由、接洽人、处理结果等，这可以方便领导对基本信息进行查看和筛选，是公司前台人员必备的表格。本节主要介绍的是客户访问接洽表的制作。

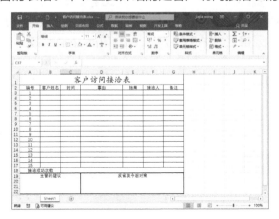

11.2.1 设置字体格式

设置字体格式的具体操作步骤如下。

1 打开 Excel 2019

打开 Excel 2019，新建一个工作簿，选择 A1:G1 单元格区域，单击【开始】选项卡下【对齐方式】选项组中的【合并后居中】按钮 ⊟·。

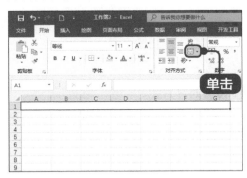

2 调整 D 列列宽

在合并后的单元格中输入"客户访问接洽表"，在单元格区域 A2:G2 中分别输入如图所示的文本内容，并适当调整 D 列的列宽。

3 设置字体

选中 A1 单元格，设置其字体为"华文楷体"，字号为"22"。

11.2.2 输入表格内容

输入表格内容的具体操作步骤如下。

1 选择【填充序列】选项

在单元格 A3 中输入数字"1"，使用填充柄快速填充单元格区域 A3:A17，单击填充柄右侧的【自动填充选项】按钮 ，在弹出的下拉列表中选择【填充序列】选项。

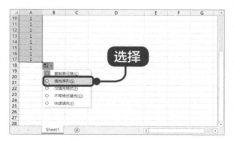

2 填充效果

填充后的效果如下图所示，分别合并单元格区域 A18:B18、C18:D18、A19:C19、D19:G19、A20:C22、D20:G22，并输入如图所示的文本内容。

11.2.3 添加边框

添加边框的具体操作步骤如下。

1 添加边框

选中单元格区域 A1:G18，单击【字体】选项组中【边框】按钮 右侧的下拉按钮，在弹出的下拉菜单中选择【所有框线】选项，添加边框。

2 添加【粗外侧框线】边框

分别为 A19:C22 和 D19:C22 单元格区域添加【粗外侧框线】边框效果。

3 设置对齐方式

然后选择 A2:G17 单元格区域，设置单元格对齐方式为"居中"。

4 制作完成

制作完成后，将其保存为"客户访问接洽表 .xlsx"工作簿。

11.3 制作员工差旅报销单

本节视频教学时间 / 14 分钟

差旅报销单主要是指针对公司员工因公出差而统计支出费用的表单，如住宿费、交通费、伙食费等，公司都会对员工进行出差报销和补偿，一般根据企业规模大小及公司意愿，会有不同的费用标准，而补助金额也参差不齐。

差旅报销单主要是对员工出差时间内因公支出费用的汇总单，领导签字后，可凭其到财务部门进行报账。其主要包含的表单信息有员工信息、起始时间、花费项目及合计费用等。

11.3.1 建立并设置表格内容

建立并设置表格内容的具体操作步骤如下。

1 打开 Excel 2019

打开 Excel 2019，新建一个工作簿，选择"Sheet1"工作表，将工作表重命名为"员工差旅报销单"。

2 单击【合并后居中】按钮

选择 A1 单元格，输入"员工差旅报销单"，选择 A1:H1 单元格区域，单击【开始】选项卡下【对齐方式】选项组中的【合并后居中】按钮 图·。

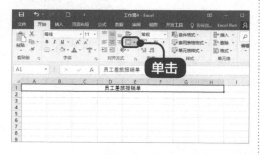

3 输入文本内容

依次选择各个单元格区域，分别输入下图所示的文本内容。

4 设置对齐方式

合并单元格区域 B3:C3、E3:F3、G2:H2、C4:D4……C12:D12、E4:F4……E12:F12、A11:B11、A12:B12、G3:H12、B13:D13、F13:H13，并设置单元格区域 A2:H13 的对齐方式为"居中对齐"，如下图所示。

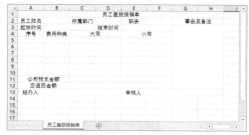

11.3.2 设置字体

设置字体的具体操作步骤如下。

1 单击【加粗】按钮

选择 A1 单元格，设置字体为"华文隶书"，字号为"20"，字体颜色为"浅蓝"，并单击【加粗】按钮。

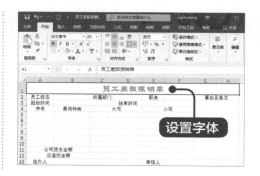

2 调整单元格大小

选择 A2:H13 单元格区域，设置字体为"华文楷体"，字号为"14"，适当调整单元格大小。

11.3.3 设置边框

设置边框的具体操作步骤如下。

1 选择【其他边框】菜单命令

选择 A1:H13 单元格区域，单击【字体】选项组中【边框】按钮右侧的下拉按钮 ⊞·，在弹出的下拉菜单中选择【其他边框】选项。

2 单击【确定】按钮

在弹出的【设置单元格格式】对话框中，选择【边框】选项卡，在【样式】列表框中选择一种边框样式，设置颜色为"浅蓝"，并单击【外边框】和【内部】选项，然后单击【确定】按钮。

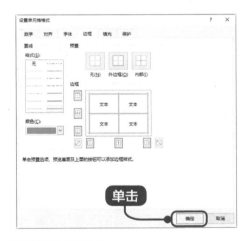

3 设置边框样式

返回工作表，即可看到设置的边框样式。

11.3.4 设置表头格式

设置表头格式的具体操作步骤如下。

1 单击【确定】按钮

选择 A1 单元格，按【Ctrl+1】组合键，打开【设置单元格格式】对话框，选择【填充】选项卡，在【背景色】区域中选择一种背景颜色，在【图案样式】中选择"6.25%灰色"，单击【确定】按钮。

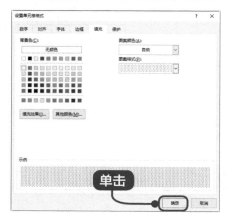

2 填充效果图

设置后的效果如下图所示。

至此，员工差旅报销单制作完成，将工作簿保存好即可。

11.4 制作工作日程安排表

本节视频教学时间 / 14分钟

为了有计划地安排工作，并有条不紊地开展工作，需要设计一个工作日程安排表，以直观地安排近期要做的工作和了解已经完成的工作。

11.4.1 使用艺术字

1 输入表头

打开 Excel 2019，新建一个工作簿，在A2:F2单元格区域中，分别输入表头"日期、时间、工作内容、地点、准备内容及参与人员"。

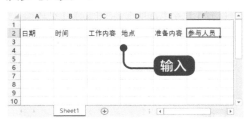

2 设置字体

选择 A1:F1 单元格区域，在【开始】选项卡下，单击【对齐方式】选项组中的【合并后居中】按钮。选择 A2:F2 单元格区域，在【开始】选项卡下，设置字体为"华文楷体"，字号为"16"，对齐方式为"居中"，然后调整列宽。

3 选择艺术字

单击【插入】选项卡下【文本】选项组中的【艺术字】按钮，在弹出的下拉列表中选择一种艺术字。

4 输入内容

工作表中出现艺术字体的"请在此放置您的文字"，输入文本内容"工作日程安排表"，并设置字体大小为"40"。

5 调整艺术字

适当地调整第 1 行的行高，将艺术字拖拽至 A1:F1 单元格区域的位置，并调整艺术字的字号为"40"。

提示

使用艺术字可以让表格显得美观活泼，但不够庄重，因此在正式的表格中，一般应避免使用艺术字。

提示

通常单元格的默认格式为【常规】，输入时间后往往会显示一个 5 位数的数字。这时可以选中要输入日期的单元格，单击鼠标右键，在弹出的快捷菜单中选择【设置单元格格式】选项，弹出【设置单元格格式】对话框，选择【数字】选项卡。在【分类】列表框中选择【日期】选项，在右边的【类型】中选择适当的格式。将单元格格式设置为【日期】类型，可避免出现显示不当等一类的错误。调整列宽之后，将艺术字拖曳至单元格区域 A1:F1 中间。

6 输入日程信息

在 A3:F5 单元格区域内，依次输入日程信息，并适当地调整行高和列宽。

11.4.2 设置条件格式

1 选择【新建规则】菜单项

选择 A3:A10 单元格区域，单击【开始】选项卡下【样式】选项组中的【条件格式】按钮 条件格式，在弹出的快捷菜单中选择【新建规则】菜单项。

择【单元格值】选项、第 2 个下拉列表中选择【大于】选项，在右侧的文本框中输入"=TODAY()"，然后单击【格式】按钮。

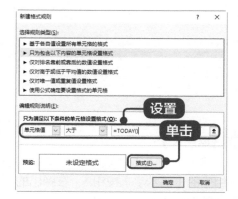

2 单击【格式】按钮

弹出【新建格式规则】对话框，在【选择规则类型】列表框中选择【只为包含以下内容的单元格设置格式】选项，在【编辑规则说明】区的第 1 个下拉列表中选

函数 TODAY() 用于返回日期格式的当前日期。例如，电脑系统当前时间为 2019-1-1，输入公式"=TODAY()"时，返回当前日期。大于"=TODAY()"表示大于今天的日期，即今后的日期。

3 选择颜色

打开【设置单元格格式】对话框，选择【填充】选项卡，在【背景色】中选择【浅蓝】，在【示例】区可以预览效果，单击【确定】按钮。

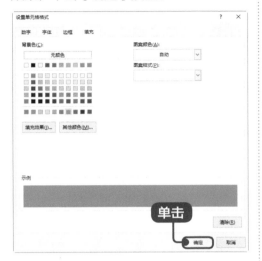

4 选择颜色

回到【新建格式规则】对话框，然后单击【确定】按钮，返回 Excel 工作

界面，继续输入日期，已定义格式的单元格就会遵循这些条件，显示出浅蓝色的背景色。

提示

在编辑条件格式时，如果不小心多设了规则或设错了规则，可以在【开始】选项卡下，单击【样式】选项组中的【条件格式】按钮，在弹出的菜单中选择【管理规则】菜单项，在打开的【条件格式规则管理器】对话框中，可以看到当前已有的规则，单击其中的【新建规则】【编辑规则】和【删除规则】等按钮，即可对条件格式进行添加、更改和删除等设置。

11.4.3 添加边框线

1 选择【所有框线】命令

选择 A2:F10 单元格区域，单击【开始】选项卡下【字体】选项组中的【边框】按钮 田 右侧的下拉按钮，在弹出的下拉菜单中选择【所有框线】菜单命令。

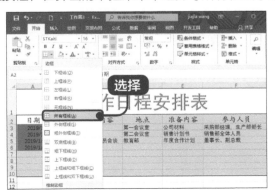

②**最终效果**

　　制作完成后，将其保存为"工作日程安排表.xlsx"，最终效果如下图所示。

第 12 章

Excel 行业应用
——人力资源管理

本章视频教学时间 / 51 分钟

🎧 重点导读

人力资源管理是一项系统而又复杂的组织工作。企业的人力资源管理者时常需要根据不同的需求做出各类报表，使用 Excel 2019 就可以轻松解决。

📖 学习效果图

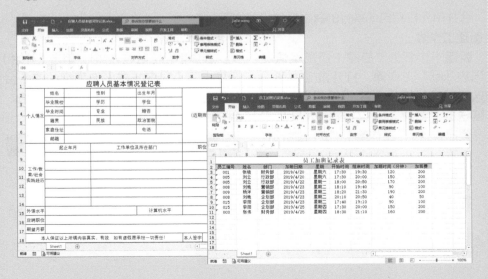

12.1 制作应聘人员基本情况登记表

本节视频教学时间 / 16 分钟

在人力资源管理中，最重要的一项工作就是招聘，制作好一份详细的应聘者基本情况登记表，不仅有助于招聘工作的顺利进行，而且可以提高工作效率。

应聘人员基本情况登记表和员工入职登记表、个人简历基本相似，主要是方便人力资源部门对应聘者的各方面情况有所了解，以帮助企业招聘到合适的人才。一般，这样的表格主要采用 Word 和 Excel 制作，而 Excel 的表格功能更加清晰明了，因此成为不少招聘人员的制作利器。

12.1.1 合并单元格和自动换行

合并单元格和自动换行的具体操作步骤如下。

1 新建工作簿

新建一个名为"应聘人员基本情况登记表 .xlsx"工作簿，打开该工作簿，输入登记表的相关内容（也可以打开随书赠送的"素材 \ch12\ 应聘人员基本情况登记表 .xlsx"工作簿），如下图所示。

2 合并单元格

选择单元格区域 A1:I1，单击【开始】选项卡下【对齐方式】选项组中的【合并后居中】按钮，即可合并单元格，合并后的单元格如下图所示。

3 合并单元格

按照同样的方法合并其他单元格，合并单元格后的工作表如下图所示。

4 设置为自动换行

选择单元格 A8，单击【开始】选项卡下【对齐方式】选项组中的【自动换行】按钮，即可将该单元格设置为自动换行。

12.1.2 设置行高和列宽

设置行高和列宽的具体操作步骤如下。

1 选择【行高】选项

选择单元格区域 A1:I18，单击【开始】选项卡下【单元格】选项组中的【格式】按钮，在弹出的下拉列表中选择【行高】选项。

2 单击【确定】按钮

在弹出的【行高】对话框中，设置【行高】为"25"，单击【确定】按钮。

3 设置行高

设置单元格区域的行高后，效果如下图所示。

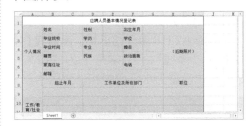

4 效果图

使用同样的方法设置 A、B、D、F、H、I 列的【列宽】为"8"，C、E、G 列的【列宽】为"11"，如下图所示。

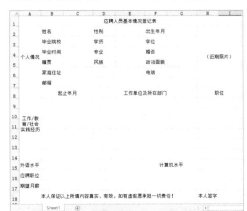

12.1.3 设置文本格式和表格边框线

设置文本格式和表格边框线的具体操作步骤如下。

1 设置字号

选择标题行文本"应聘人员基本情况登记表"，在【开始】选项卡下的【字体】选项组中，设置其【字体】为"黑体"，【字号】为"18"。

2 设置对齐方式

选择 A2:I18 单元格区域，设置其【字体】为"等线"，【字号】为"12"，对齐方式设置为水平居中和垂直居中。

3 选择【所有框线】菜单命令

选择单元格区域 A1:I18，单击【开始】

选项卡下【字体】选项组中的【边框】按钮右侧的下拉箭头，在弹出的下拉列表中选择【所有框线】选项。

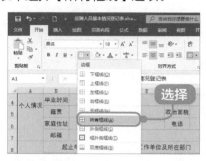

4 最终效果图

为选择的区域添加框线后，应聘者基本情况登记表的最终效果如下图所示。

至此，应聘人员基本情况登记表就制作完成了，此外，用户也可以根据需求在表格中增加相应的登记信息。

12.2 制作员工加班记录表

本节视频教学时间 / 9 分钟

在工作过程中记录好员工的加班时间并计算出合理的加班工资，有助于提高员工的工作积极性和工作效率，从而确保公司工作的顺利完成。

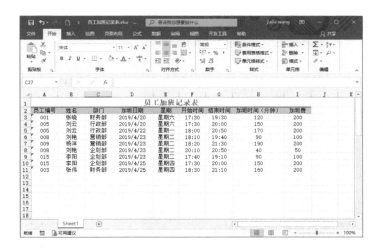

12.2.1 设置单元格样式

设置单元格样式的具体操作步骤如下。

1 打开素材

打开随书赠送的"素材 \ch12\ 员工加班记录表 .xlsx"工作簿,选择 A1 单元格,单击【开始】选项卡下【样式】选项组中的【单元格样式】按钮，在弹出的下拉列表中选择一种样式,这里选择【标题 1】选项。

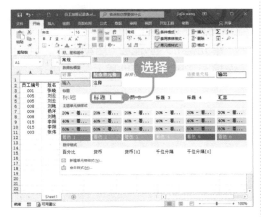

2 调整行高

适当调整行高后，效果如下图所示。

3 选择单元格样式

选择单元格区域 A2:I2，单击【开始】选项卡下【样式】选项组中的【单元格样式】按钮，在弹出的下拉列表中选择一种样式，这里选择【浅橙色，60%- 着色 2】选项。

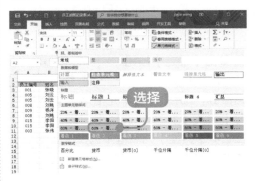

4 添加一种样式

为标题行添加一种样式，效果如下图所示。

12.2.2 计算加班时间

计算加班时间的具体操作步骤如下。

1 选择单元格 E3

选择单元格 E3，在编辑栏中输入公式"=WEEKDAY(D3,1)"，按【Enter】键计算出结果。

> 📢 提示
>
> 公式"=WEEKDAY(D3,1)"的含义为返回 D3 单元格日期默认的星期数，此时单元格格式为常规，显示为"3"。

2 单击【确定】按钮

选择 E3:E11 单元格区域，按【Ctrl+1】组合键，调用【设置单元格格式】对话框，在【分类】列表中选择【日期】选项，在右侧【类型】列表框中选择【星期三】选项，单击【确定】按钮。

3 填充其他单元格

单元格 E3 显示为"星期六"，利用快速填充功能填充其他单元格。

4 选择单元格 H3

选择 H3 单元格，在编辑栏中输入公式"=HOUR(G3-F3)*60+MINUTE(G3-F3)"，按【Enter】键。

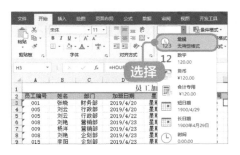

提示

公式 "=HOUR(G3- F3)*60+ MINUTE(G3- F3)" 中的 "HOUR (G3- F3)" 计算出加班的小时数，1 小时等于 60 分钟，因此再乘以 60；"MINUTE(G3-F3)" 计算出加班的分钟数。

6 计算出加班分钟

此时，即可得出员工的加班时间，然后利用快速填充功能计算出其他员工的加班分钟数。

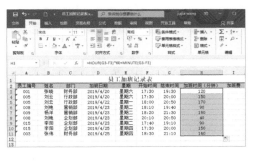

5 选择【常规】选项

选择 H3 单元格，单击【开始】选项卡下【数字】选项组中的【数字格式】下拉按钮 自定义，在弹出的下拉列表中选择【常规】选项。

12.2.3 计算加班费

计算加班费的具体操作步骤如下。

1 选择单元格 I3

选择单元格 I3，在编辑栏中输入公式 "=IF(H3>=60,IF(H3>=120,"200","100"), "50")"，按【Enter】键即可显示出该员工的加班费。

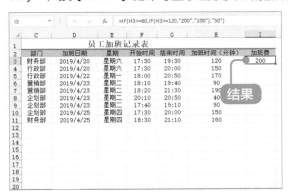

提示

公式 "=IF(H3>=60,IF(H3>=120,"200", "100"),"50")" 表示的意思是，如果加班不超过 1 个小时，加班费为 50 元；如果加班时间超过 1 个小时，但不超过 2 个小时，加班费为 100 元；如果加班时间超过 2 个小时，加班费为 200 元。

2 利用快速填充功能

利用快速填充功能计算出其他员工的加班工资。

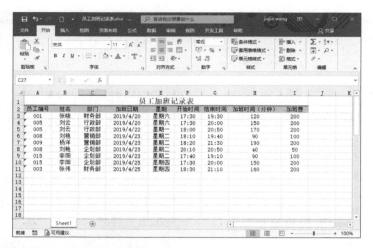

至此，员工加班记录表就制作完成了。

12.3　制作员工年度考核表

本节视频教学时间 / 19 分钟

人事部门一般都会在年终或季度末对员工的表现进行一次考核，这不但可以对员工的工作进行督促和检查，还可以根据考核的情况发放年终奖金和季度奖金。

12.3.1 设置数据有效性

设置数据有效性的具体操作步骤如下。

1 打开素材

打开随书赠送的"素材 \ch12\ 员工年度考核 .xlsx"工作簿，其中包含两个工作表，分别为"年度考核表"和"年度考核奖金标准"。

2 选择【数据验证】菜单命令

选择 D2:D10 单元格区域，在【数据】选项卡下，单击【数据工具】选项组中的【数据验证】按钮右侧的下拉按钮 ⊞ ▾，在弹出的下拉列表中选择【数据验证】选项。

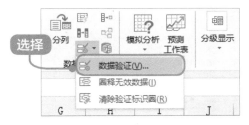

3 选择【序列】选项

在弹出的【数据验证】对话框中，选择【设置】选项卡，在【允许】下拉列表中选择【序列】选项，在【来源】文本框中输入"6,5,4,3,2,1"。

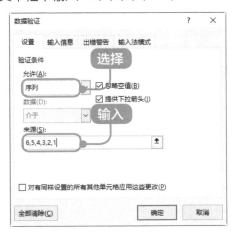

4 输入"请输入考核成绩"

切换到【输入信息】选项卡，勾选【选定单元格时显示输入信息】复选框，在【标题】文本框中输入"请输入考核成绩"，在【输入信息】列表框中输入"可以在下拉列表中选择"。

5 输入"请到下拉列表中选择"

切换到【出错警告】选项卡，勾选【输入无效数据时显示出错警告】复选框，在【样式】下拉列表中选择【停止】选项，在【标题】文本框中输入"考核成绩错误"，在【错误信息】列表框中输入"请到下拉列表中选择"。

6 选择【关闭（英文模式）】选项

切换到【输入法模式】选项卡，在【模式】下拉列表中选择【关闭（英文模式）】选项，以保证在该列输入内容时始终不是英文输入法，单击【确定】按钮。

7 单击单元格 D2

数据有效性设置完毕。单击单元格D2，其下方会出现一个黄色的信息框。

8 单击【重试】按钮

在单元格 D2 中输入"8"，按【Enter】键，会弹出【考核成绩错误】提示框。如果单击【重试】按钮，则可重新输入。

9 设置数据有效性

参照步骤 1～7，设置 E、F、G 等列的数据有效性，并依次输入员工的成绩。

10 复制公式

计算综合考核成绩。在单元格 H2 中输入"=SUM(D2:G2)"，按【Enter】键确认，然后将鼠标指针放在单元格 H2 右下角的填充柄上，当指针变为➕形状时单击并拖动，将公式复制到该列的其他单元格中，则可看到这些单元格中自动显示了员工的综合考核成绩。

12.3.2 设置条件格式

设置条件格式的具体操作步骤如下。

■1 选择【新建规则】菜单项

选择单元格区域 H2:H10，切换到【开始】选项卡，单击【样式】选项组中的【条件格式】按钮 ，在弹出的下拉列表中选择【新建规则】选项。

■2 单击【格式】按钮

在弹出的【新建格式规则】对话框中，在【选择规则类型】列表框中选择【只为包含以下内容的单元格设置格式】选项，在【编辑规则说明】区域的第 1 个下拉列表中选择【单元格值】选项，在第 2 个下拉列表中选择【大于或等于】选项，在其右侧的文本框中输入 "18"，单击【格式】按钮。

■3 选择【填充】选项卡

单击【格式】按钮，打开【设置单元格格式】对话框，选择【填充】选项卡，在【背景色】列表框中选择【红色】选项，在【示例】区可以预览效果，单击【确定】按钮。

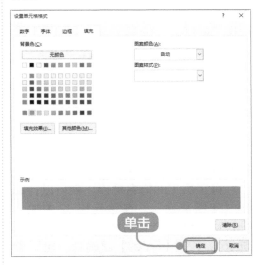

■4 单击【确定】按钮

返回【新建格式规则】对话框，单击【确定】按钮。可以看到 18 分及 18 分以上的员工的"综合考核"呈红色背景色显示，非常醒目。

12.3.3 计算员工年终奖金

计算员工年终奖金的具体操作步骤如下。

1 排名顺序

对员工综合考核成绩进行排序。在单元格 I2 中输入"=RANK(H2,$H$2:$H$10,0)"，按【Enter】键确认，可以看到在单元格 I2 中显示出排名顺序。然后使用自动填充功能得到其他员工的排名顺序。

2 使用自动填充功能

有了员工的排名顺序，就可以计算出"年终奖金"。在单元格 J2 中输入"=LOOKUP(I2, 年度考核奖金标准 !$A$2:$B$5)"，按【Enter】键确认，可以看到在单元格 J2 中显示出"年终奖金"。然后使用自动填充功能得到其他员工的"年终奖金"。

> **提示**
>
> 企业对年度考核排在前几名的员工给予奖金奖励，标准为第 1 名奖金 10000 元；第 2、3 名奖金 7000 元；第 4、5 名奖金 4000 元；第 6 ~ 10 名奖金 2000 元。

至此，员工年度考核表制作完成。

12.4 美化人事变更统计表

本节视频教学时间 / 7 分钟

员工之间的职位变动在日常工作中是非常常见的，在烦琐的人力资源工作中，制作一份美观大方的人事变更统计表，可以让人心情愉悦，从而提高工作的积极性。

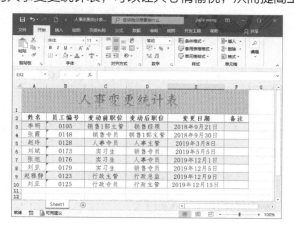

12.4.1 插入艺术字

1 删除标题文字

打开 "素材 \ch12\ 人事变更统计表 .xlsx" 工作簿，删除工作表中的标题文字，适当调整 A1 单元格的行高，如下图所示。

2 选择艺术字样式

单击【插入】选项卡下【文本】选项组中的【艺术字】按钮，在弹出的下拉列表中选择一种艺术字样式。

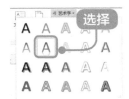

3 输入文字

可在工作表中插入【艺术字】文本框，

删除预定的文本，输入"人事变更统计表"，并设置其【字体】为"楷体"，【字号】为"32"。

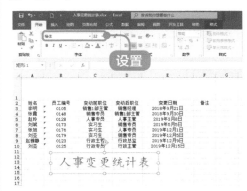

4 调整文本框位置

调整【艺术字】文本框的位置后，如下图所示。

12.4.2 设置表格填充效果

1 选择 A1 单元格

选择 A1 单元格，按【Ctrl+1】组合键，打开【设置单元格格式】对话框。

2 选择颜色

选择【填充】选项卡，单击【图案样式】右侧的下拉按钮，在弹出的下拉列表中选择一种图案样式，这里选择"6.25% 灰色"，然后选择一种填充颜色，在【示例】中可以看到预览效果，单击【确定】按钮。

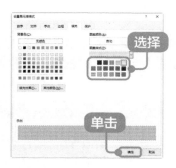

12.4.3 套用表格样式

1 设置字体

选择 A2:F10 单元格区域，在【开始】选项卡下【字体】选项组中设置其【字体】为"仿宋"，【字号】为"14"，然后调整列宽，使文字完全显示出来。

2 选择样式

单击【开始】选项卡下【样式】选项组中的【套用表格格式】按钮，在弹出的下拉列表中选择一种表格的样式。

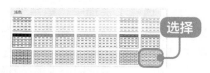

3 弹出对话框

弹出【套用表格式】对话框，单击【确定】按钮。

3 添加填充效果

可为单元格添加填充效果。

4 单击【转换为区域】按钮

可为选择区域添加表格样式，该样式默认添加筛选按钮。单击【设计】选项卡下【工具】选项组中的【转换为区域】按钮。

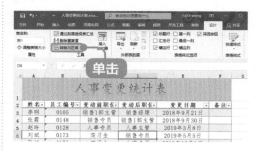

5 弹出提示框

弹出【Microsoft Excel】提示框，单击【是】按钮。

6 换为普通区域

可将表格转换为普通区域。至此，人事变更统计表就制作完成了。

第 13 章

Excel 行业应用
——会计

本章视频教学时间 / 59 分钟

🎧 重点导读

利用 Excel 建立会计凭证表、账簿和科目汇总表后，繁杂的会计核算工作就会变得非常简单快捷、正确可靠。本章将介绍利用 Excel 建立会计科目表、会计凭证表和日记账簿的方法。

📖 学习效果图

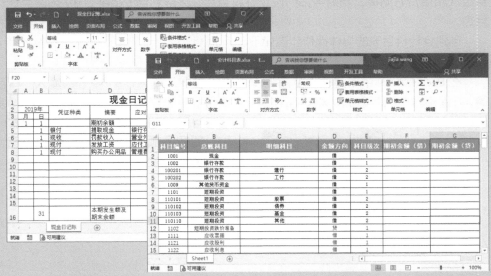

13.1 建立会计科目表

本节视频教学时间 / 17 分钟

企业在开展具体的会计业务之前，首先要根据其经济业务设置会计科目表，企业的会计科目表通常包括总账科目和明细科目。

13.1.1 建立会计科目表

会计科目表是对会计对象的具体内容进行分类核算的项目。会计科目表一般按会计要素分为资产类、负债类、所有者权益科目、成本类科目和损益类科目 5 大类。会计科目一般包括一级科目、二级科目和明细科目，内容包括科目编号、总账科目、科目级次和借贷方向等。当财务部门设定好科目后，才能利用 Excel 2019 创建会计科目表。

创建会计科目表的具体操作步骤如下。

1 新建空白工作簿

在 Excel 2019 中新建一个空白工作簿，并保存为"会计科目表 .xlsx"工作簿。

2 输入内容

在单元格 A1:G1 中分别输入"科目编号""总账科目""明细科目""余额方向""科目级次""期初余额（借）"和"期初余额（贷）"，并调整列宽，使文字能够完全显示。

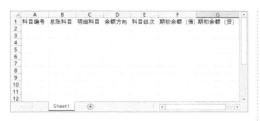

入"总账科目"数据，在单元格区域 C2:C162 输入"明细科目"数据（输入的数据可参照"素材\ch13\会计科目表数据.xlsx"），然后调整列宽。

3 输入数据

根据事先编制好的会计科目表，在工作表单元格区域 A2:A162 输入"科目编号"数据，在单元格区域 B2:B162 输

13.1.2 设置数据验证

设置数据验证的具体操作步骤如下。

1 选择【数据验证】菜单项

选择单元格区域 D2:D162，在【数据】选项卡下，单击【数据工具】选项组中的【数据验证】按钮，在弹出的下拉菜单中选择【数据验证】选项。

2 输入"借,贷"

在弹出的【数据验证】对话框中，选择【设置】选项卡，在【允许】下拉列表中选择【序列】选项，在【来源】文本框中输入"借,贷"。

📢 提示

输入来源内容时，各序列项间必须用英文状态下的逗号隔开，否则不能以序列显示。

3 设置输入信息

选择【输入信息】选项卡，在【标题】文本框中输入"选择余额方向"，在【输入信息】文本框中输入"从下拉列表中选择该科目的余额方向"。

4 设置出错信息

选择【出错警告】选项卡，在【标题】

261

文本框中输入"出错了"，在【错误信息】文本框中输入"余额方向只有'借'和'贷'!"，然后单击【确定】按钮。

📢 **提示**

在【数据有效性】对话框中，【出错警告】选项卡下的【样式】下拉列表中有【停止】【信息】和【警告】3种输入无效数据时的响应方式。【停止】选项表示阻止输入无效数据，【信息】选项表示可显示输入无效数据的信息，【警告】选项表示可显示警告信息。

5 给出提示信息

设置后，选择【余额方向】列中的单元格时，会给出提示信息；单击单元格后面的下拉箭头，会弹出含有"借"和"贷"的列表以供选择；当输入的内容不在"借"和"贷"的范围时，则会给出警告信息。

6 设置结果

以从列表中选择的方法完成【余额方向】列中所有余额方向的选择操作。

13.1.3 填充科目级次

填充科目级次的具体操作步骤如下。

1 单击【确定】按钮

选择单元格区域 E2:E162，在【数据】选项卡下，单击【数据工具】选项组中的【数据验证】按钮📊·，在弹出的【数据验证】对话框中选择【设置】选项卡，在【允许】下拉列表中选择【序列】选项，在【来源】文本框中输入"1,2"，然后单击【确定】按钮。

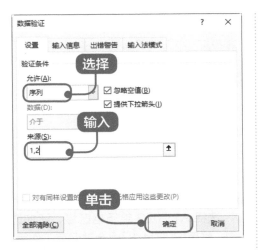

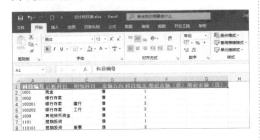

2 选择单元格 E2

返回工作表，选择单元格 E2，单击右侧的下拉箭头，在弹出的下拉列表中选择科目级次。以同样的方法完成本列所有科目级次选择的操作。

13.1.4 表头字段的设置

设置表头字段的具体操作步骤如下。

1 设置字体

选择 A1:G1 单元格区域，在【开始】选项卡下，将【字体】设置为"黑体""12"，单击【加粗】按钮 **B**，将单元格区域填充为"蓝色"，将字体设置为"白色"，并调整列宽，使文字完全显示。

的下拉菜单中选择【行高】选项，在弹出的【行高】对话框中，在【行高】文本框中输入"25"，然后单击【确定】按钮。

3 设置对齐方式

单击【开始】选项卡下【对齐方式】选项组中的【垂直居中】按钮 ≡ 和【水平居中】按钮 ≡，将标题行的文字居中。

2 单击【确定】按钮

在【开始】选项卡下，单击【单元格】选项组中的【格式】按钮 格式 ，在弹出

13.1.5 文本区域的设置

设置文本区域的具体操作步骤如下。

1 设置对齐方式

选择单元格区域 A2:G162，设置字体为"宋体"，设置对齐方式为"垂直居中"和"水平居中"，将选择的文字对齐。

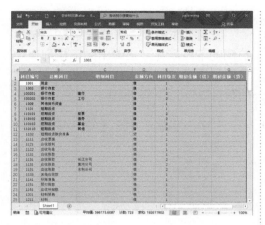

② 选择【自动调整列宽】菜单项

选择 B2:C162 单元格区域，在【开始】选项卡下，单击【单元格】选项组中的【格式】按钮 格式 ，在弹出的下拉菜单中选择【自动调整列宽】选项，使单元格数据区域的列宽自动调整。设置后的会计

科目表如下图所示。

③ 保存工作簿

选择 A1:G162 单元格区域，添加边框线，然后按【Ctrl+S】组合键保存工作簿。

13.2 建立会计凭证表

本节视频教学时间 / 17 分钟

会计凭证是记录经济业务、明确经济责任、按一定格式编制的据以登记会计账簿的书面证明。本节将介绍在 Excel 2019 中建立会计凭证表的方法。

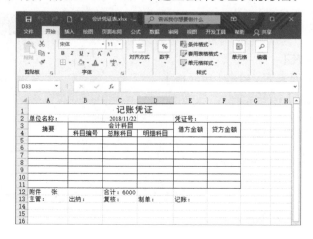

13.2.1 设计会计凭证表

记账凭证按其反映经济业务的类型不同分为收款凭证、付款凭证和转账凭证 3 大类，因此会计凭证表需要创建 4 张工作表，分别是记账凭证表、收款凭证表、付款凭证表和转账凭证表。一般情况下，会计凭证表应包括凭证名称、填制单位、凭证填制日期和编号、经济业务的内容摘要、应借 / 应贷账户的名称及金额、附件张数、会计主管人员和填制凭证人员的签名或盖章等内容。设计会计凭证表的具体操作步骤如下。

1 新建一个工作簿

新建一个工作簿，保存为"会计凭证表 .xlsx"工作簿，并向工作表中输入凭证表中的标题、单位、摘要等信息。

2 设置字体

设置标题行文字格式为"合并后居中、黑体、16 号"。正文部分文字格式为"宋体、11 号"，分别合并单元格区域 A3:A4、B3:D3、E3:E4、F3:F4，并设置所有单元格的对齐方式为"垂直居中"。

3 设置行高和列宽

设置单元格区域 B4:D4 的对齐方式为"水平居中"，并分别对所有的单元格区域设置合适的行高和列宽。

4 选择【所有边框】菜单命令

选择单元格区域 A3:F11，在【开始】选项卡下，单击【字体】选项组中【边框】按钮 ▦·右侧的下拉按钮，在下拉列表中选择【所有边框】选项，为表格添加边框。

13.2.2 建立会计凭证表

记账凭证表设计好后，就可以利用数据有效性规则创建科目编号下拉菜单。具体的操作步骤如下。

第 1 步：创建科目编号下拉菜单。

1 打开素材

打开"素材 \ch13\ 会计科目表数据 .xlsx"工作簿，选择单元格区域 A2:A162，单击【公式】选项卡下【定义的名称】选项组中的【定义名称】按钮 定义名称，在弹出的【新建名称】对话框中，在【名称】文本框中输入"科目编号"，单击【确定】按钮。

2 单击【确定】按钮

打开上一小节中创建的"会计凭证表 .xlsx"工作簿，使用右键单击工作表标签，在弹出的快捷菜单中选择【移动或复制】选项，弹出【移动或复制工作表】对话框，在【将选定工作表移至 工作簿】下拉列表中选择"会计科目表数据 .xlsx"，在【下拉选定工作表之前】列表中，选择【（移至最后）】选项，单击【确定】按钮。

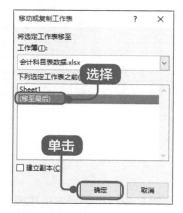

3 选择单元格区域 B5:B11

将工作表移动到"会计科目表数据 .xlsx"工作簿中，并将工作表重命名为"记账凭证"，然后选择单元格区域 B5:B11。

4 选择【数据验证】菜单项

在【数据】选项卡下，单击【数据工具】选项组中的【数据验证】按钮 。

5 选择【序列】选项

弹出【数据验证】对话框，选择【设置】选项卡，在【允许】下拉列表中选择【序列】选项，在【来源】文本框中输入"= 科目编号"，然后单击【确定】按钮。

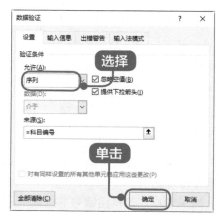

6 返回工作表

返回工作表，即可看到在"科目编号"列的数据区域设置了科目编号的下拉菜单。

第2步：输入凭证数据。

1 输入函数 "=TODAY()"

在单元格C2中输入函数"=TODAY()"，按【Enter】键，得到当前系统的日期。

2 输入内容

在工作表中依次输入"购买设备"和"付租金"的会计科目及相应的借贷方发生额。

3 设置格式

将工作簿另存为"会计凭证表.xlsx"工作簿。使用同样的方法，分别创建收款凭证、付款凭证和转账凭证，并设置格式。

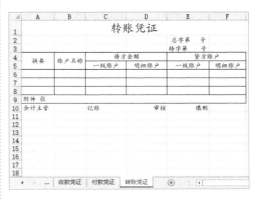

13.3 建立日记账簿

本节视频教学时间 / 16 分钟

会计账簿的设置和登记是日常会计核算工作的中心环节，处于承上启下的地位，对提供会计信息有着非常重要的意义。

日记账簿是对经济业务按其发生时间的先后顺序逐日逐笔进行连续记录的账簿，又称序时账。按其有无专门用途分为普通日记账和特种日记账，通过日记账可以按时间顺序了解到有关经济业务的发生或完成情况，还可以与分类账等进行核对，检查账簿之间所记的相同的经济内容是否相符。目前企业中常设的日记账有现金日记账、银行存款日记账等特种日记账。

13.3.1 设计日记账簿格式

本小节将以三栏式现金日记账为例介绍日记账格式的设置。现金日记账是用来核算和监督库存现金每天的收入、支出和结存情况的账簿。现金日记账一般有三栏式和多栏式两种类型格式，三栏式现金日记账的表头一般包括日期、凭证号数、摘要、对应科目、收入、支出及结余项目。设计现金日记账的具体操作步骤如下。

第 1 步：新建"现金日记账"工作簿。

1 新建空白工作簿

在 Excel 2019 中新建一个空白工作簿，并保存为"现金日记账 .xlsx"工作簿。

2 双击【Sheet1】标签

双击工作表的【Sheet1】标签，将其重命名为"现金日记账"。

第2步：输入表中数据并设置格式。

1 输入日记账表头

在工作表中输入日记账表头的所有数据信息，如下图所示。

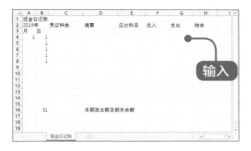

2 设置字体

根据需要设置字体的大小、单元格的对齐方式、自动换行以及合并后居中，并调整各列的列宽。

3 选择【所有边框】菜单命令

选择单元格区域 A2:H16，在【开始】选项卡下，单击【字体】选项组中【边框】按钮右侧的下拉按钮，在弹出的下拉列表中选择【所有边框】选项，为表格添加边框。

第3步：创建凭证种类下拉菜单。

1 单击【确定】按钮

选择单元格区域 C4: C15，在【数据】选项卡下，单击【数据工具】选项组中的【数据验证】按钮，打开【数据验证】对话框，选择【设置】选项卡，在【允许】下拉列表中选择【序列】选项，在【来源】文本框中输入"银收，银付，现收，现付，转"，然后单击【确定】按钮。

2 返回工作表

返回工作表，单击单元格 C4，右侧会出现下拉箭头，输入数据时可以单击下拉箭头，从弹出的下拉列表中选择凭证种类。

13.3.2 在日记账簿中设置借贷不平衡自动提示

在会计核算中，同一会计事项必须同方向、同时间和同金额登记，以确保输入账户的借贷方金额相等。在日记账中可使用"IF()"函数设置借贷不平衡提示信息，具体的操作步骤如下。

1 输入数据

输入如图所示的数据。

2 选择单元格 I16

选择单元格 I16，输入公式"=IF(F16=(G16+H16),""," 借贷不平 !")"。如果借贷不平衡，就会显示"借贷不平！"的提示。

3 显示提示

按【Enter】键，在单元格 I16 中显示出"借贷不平！"的提示。

4 更改数据

在单元格 H16 中更改数据"200"为"100"后，由于借方和贷方的金额相等，所以在单元格 I16 中没有任何显示。

13.4 制作项目成本预算分析表

本节视频教学时间 / 9 分钟

成本预算是保证企业生产经营目标顺利实现，并对项目实施控制和监督的重要手段。本节主要介绍如何制作项目成本预算分析表。

13.4.1 设置数据验证

1 打开素材

打开 "素材 \ch13\ 项目成本预算分析表 .xlsx"工作簿。

2 选择【数据验证】选项

选择 B3:D11 单元格区域,单击【数据】选项卡下【数据工具】选项组中的【数据验证】按钮 右侧的下拉按钮,在弹出的下拉列表中选择【数据验证】选项。

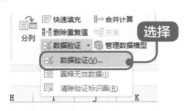

3 进行设置

弹出【数据验证】对话框,在【允许】下拉列表框中选择【整数】,在【数据】下拉列表中选择【介于】,设置【最小值】为 "500",【最大值】为 "10000",单击【确定】按钮。

4 弹出警告框

当输入的数字不符合要求时,会弹出如下所示的警告框。

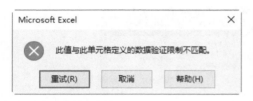

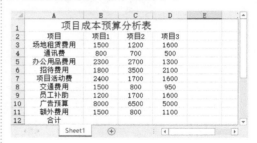

入正确的数据，如下图所示。

5 输入正确的数据

单击【重试】按钮，在工作表中输

13.4.2 计算合计预算

1 单击【插入函数】按钮

选择单元格 B12，单击【公式】选
项卡下【函数库】选项组中的【插入函数】
按钮 f_x。

2 输入 "SUM"

弹出【插入函数】对话框，在【搜
索函数】文本框中输入 "SUM"，单击【转
到】按钮，即可看到在【选择函数】列
表框中【SUM】函数已被选中，单击【确
定】按钮。

3 选取数据源

弹出【函数参数】对话框，选取数
据源后，单击【确定】按钮。

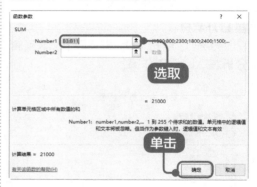

4 填充其他单元格

可计算出 "项目 1" 的合计预算费用，
使用快速填充功能填充其他单元格。

B12		f_x	=SUM(B3:B11)		
	A	B	C	D	E
1	项目成本预算分析表				
2	项目	项目1	项目2	项目3	
3	场地租赁费用	1500	1200	1600	
4	通讯费	800	700	500	
5	办公用品费用	2300	2700	1300	
6	招待费用	1800	3500	2100	
7	项目活动费	2400	1700	1600	
8	交通费用	1500	800	950	
9	员工补助	1200	1700	1600	
10	广告预算	8000	6500	5000	
11	额外费用	1500	800	1100	
12	合计	21000	19600	15750	
13					
14					

13.4.3 美化工作表

1 选择单元格样式

选择 A2:D2 单元格区域,单击【开始】选项卡下【样式】选项组中的【单元格样式】按钮 单元格样式▼,在弹出的下拉列表中选择一种单元格样式。

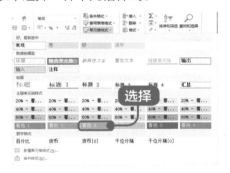

2 添加样式

可为选中的单元格添加样式。

3 选择线条样式

选 择 A1:D12 单 元 格 区 域, 按

13.4.4 数据的筛选

1 出现下拉按钮

选择任一单元格,按【Shift+Ctrl+L】组合键,在标题行的每列的右侧出现一个下拉按钮。

【Ctrl+1】组合键,弹出【设置单元格格式】对话框,选择【边框】选项卡,在【线条样式】列表中选择一种线条样式,并设置边框的颜色,选择需要设置边框的位置,单击【确定】按钮。

4 添加边框

可为工作表添加边框。

2 选择【大于】选项

单击【项目1】列标题右侧的下拉按钮 ▼，在弹出的下拉列表中选择【数字筛选】➤【大于】选项。

3 输入"2000"

弹出【自定义自动筛选方式】对话框，

在【大于】右侧的文本框中输入"2000"，单击【确定】按钮。

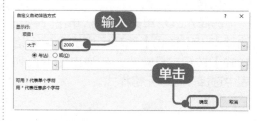

4 制作完成

可将预算费用大于 2000 元的项目筛选出来。至此，项目成本预算分析表就制作完成了。

第 14 章

Excel 的高级应用
——宏和加载项的使用

本章视频教学时间 / 23 分钟

🎧 重点导读

通过使用 Excel 2019 的宏命令可以自动执行 Excel 的某些操作，用户可以高效地工作并减少错误的发生。

📖 学习效果图

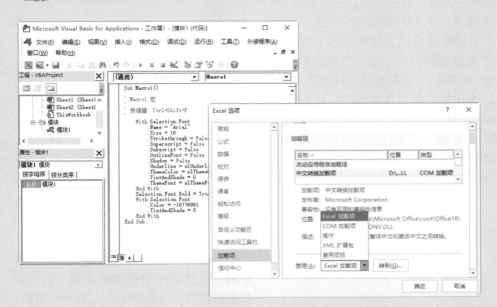

14.1 VBA 宏的用途

本节视频教学时间 / 2 分钟

VBA 是一种极丰富的语言，它可以完成以下工作。

（1）插入一个文本字符串或公式。

（2）自动执行一个用户经常执行的程序。

（3）自动执行重复的操作。

（4）创建定制的命令。

（5）创建定制的工具栏按钮。

（6）为不太了解 Excel 的用户创建一个简单的指南。

（7）开发新的工作簿函数。

（8）创建完全的、立即可使用的、宏驱动的应用函数。

（9）为 Excel 创建自定义的插件。

14.2 两种 VBA 宏

本节视频教学时间 / 4 分钟

VBA 宏分为两类：子过程和函数。

1. VBA 子过程

可以把子过程想象为一条新的命令，能被用户或其他宏来执行。在一个 Excel 工作簿中，可以有任意多个子过程。

子过程总是以关键字 Sub 开始的，接下来是宏的名称（每个宏都必须有一个唯一的名称），然后是一对括号，End Sub 语句标志着过程的结束。中间包含的是该过程的代码。下面是一段简单的 VBA 子过程，作用是将所选单元格内的字体颜色设置为"红色"，字体设置为"Arial"，字号设置为"16"。

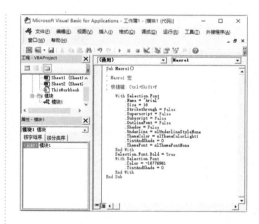

2. VBA 函数

函数总是返回单一值。VBA 函数也可以被别的 VBA 程序执行或在工作表公式中使用。

下图显示的是一个自定义的工作表函数和工作表中被使用的函数。这个函数的名称为"CubeRoot"，有一个参数，该参数计算输入参数的立方根。函数过程看起来和子程序过程相似，但需要注意的是，函数过程是由 Function 开头，以 End Function 语句结束的。

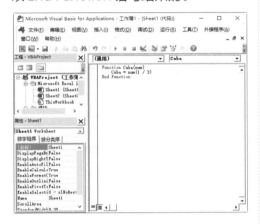

> **提示**
>
> 下面是一些关键定义。
>
> （1）代码：当用户录制一条宏时，产生的 VBA 指令位于模块表单中。
>
> （2）控件：UserForm（或工作表）中用户可以操控的对象。
>
> （3）函数：两种可创建的 VBA 宏中的一种。返回一个单一值。
>
> （4）宏：一组能自动执行的 VBA 指令。
>
> （5）方法：作用于对象上的一个动作。
>
> （6）模块：VBA 代码的容器。
>
> （7）对象：可用 VBA 操控的一个元素。
>
> （8）过程：宏的另一个名字，VBA 过程可以是一个子过程，也可以是一个函数。
>
> （9）属性：对象的某个特定方面。
>
> （10）子过程：两种可创建的 VBA 宏的一种。
>
> （11）UserForm：包含了自定义对话框的控件的容器，同时包含操控这些控件的 VBA 代码。
>
> （12）VBA：Visual Basic 应用程序接口。
>
> （13）VBE：Visual Basic 编辑器。

14.3 宏的使用

本节视频教学时间 / 9 分钟

宏的使用主要包括录制新宏、运行宏、宏的安全性设置和编辑宏。

14.3.1 录制新宏

用户可以通过开启 Excel 宏记录器，记录用户的活动或者直接在 VBA 模块中输入代码来创建宏。大多数情况下，录制 VBA 时，可以把用户的活动以宏的形式录制下来，再简单地执行这个宏。此时不需要考虑代码，因为这些代码是自动生成的。

1 输入内容

选择任意一个单元格，输入文本或数值，再次选择该单元格。

2 单击【录制宏】按钮

单击【开发工具】选项卡下【代码】选项组中的【录制宏】按钮 。

提示

除了可以使用加载的【开发工具】选项卡进行宏的录制外，还可以选择【视图】选项卡，在【宏】选项组中单击【宏】下拉按钮，在弹出的下拉列表中选择【录制宏】选项。

3 打开【录制宏】对话框

打开【录制宏】对话框，在【宏名】文本框中输入新的名称"Macro1"。

4 设置快捷键

将光标定位在【快捷键】选项组中的编辑框内，在按住【Shift】键的同时输入"F"，为这个新宏指定【Ctrl+Shift+F】快捷键，单击【确定】按钮。

提示

【录制新宏】对话框中几个选项的含义如下。

宏名：宏的名称。默认为 Excel 提示的名称。

快捷键：用户可以自己指定一个快捷键组合来执行这个宏。该组合键总是使用【Ctrl】键和一个其他键，此外，还可以在输入字母的同时按下【Shift】键，例如，输入字母【F】的同时，按下【Shift】键，则快捷键组合为【Ctrl+Shift+F】。

保存在：宏所在的位置。可供选择的有当前工作簿、个人宏工作簿和新工作簿。

说明：宏的描述性信息。

5 关闭【录制宏】对话框

此时可以看到【录制宏】按钮变为了【停止录制】按钮 ■ 停止录制 。

6 设置字体

选择【开始】选项卡，在【字体】选项组中设置其字体为"楷体"，字号为"16"，设置其为"加粗"。

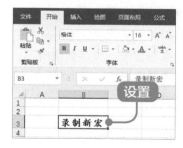

7 设置颜色

在【字体】选项组中单击【字体颜色】下拉按钮，在弹出的下拉列表中选择"红色"选项。

组中的【宏】下拉按钮，在弹出的下拉列表中选择【停止录制】选项，即可完成宏的录制。

⑧ 单击【停止录制】按钮

单击【视图】选项卡下【宏】选项

14.3.2 宏的运行

在新宏创建完成后，可以通过执行宏命令快速地设置格式。

① 输入内容

选择任意一个单元格，输入文本或数值，再次选择该单元格。

② 打开【宏】对话框

选择【开发工具】选项卡，单击【代码】选项组中的【宏】按钮 🖲。

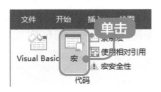

③ 单击【执行】按钮

打开【宏】对话框，选择要执行的宏命令，单击【执行】按钮。

④ 单击【执行】按钮

此时，即可为选择的文本快速设置格式。

14.3.3 宏的安全性

如果希望文档包含要用到的宏，可以启用宏。如果不希望在文档中包含宏，或者不能确定文档是否可靠，可以禁用宏。

① 单击【宏安全性】按钮

单击【开发工具】选项卡下【代码】选项组中的【宏安全性】按钮 ⚠ 宏安全性，打开【信任中心】对话框。

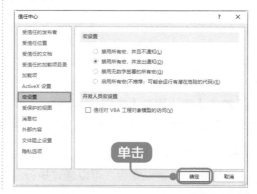

所有宏，并发出通知】单选项，单击【确定】按钮。

2 设置宏

在【宏设置】选项组中选中【禁用

> 📢**提示**
>
> 宏病毒是一种寄存在文档或模板的宏中的计算机病毒。一旦打开这样的文档，其中的宏就会被执行，于是宏病毒就会被激活，转移到计算机上，并驻留在 Normal 模板上。从此以后，所有自动保存的文档都会"感染"上这种宏病毒，而且如果其他用户打开了感染病毒的文档，宏病毒又会转移到他的计算机上。通常情况下，在打开文档的过程中，若出现宏警告提示，最好选择取消加载宏。

14.3.4 宏的编辑

在创建宏之后，还可以对宏进行编辑，改变宏的某些属性。

1 选择【Macro1】选项

单击【开发工具】选项卡下【代码】选项组中的【宏】按钮，打开【宏】对话框，选择【Macro1】选项，单击【编辑】按钮。

2 更改字体

打开【模块 1（代码）】窗口，将字体大小的值由"16"更改为"18"，将字体颜色更改为"−1003520"。

3 运行宏

单击工具栏上的【运行子过程 / 用户窗体】按钮，即可执行修改后的代码。

4 查看结果

选择【文件】➤【关闭并返回到 Microsoft Excel】选项，返回工作表，即可查看最终结果。

14.4 加载项的使用

本节视频教学时间 / 6 分钟

加载项是 Microsoft Excel 中的功能之一，它提供附加功能和命令。其中分析工具库和规划求解是两个常用的加载项，这两个工具均为"模拟分析"计划提供数据分析扩展功能。若要使用这些加载项，需要先安装并激活它们。

14.4.1 激活 Excel 加载项

下面以激活"分析工具库和规划求解加载项"为例，介绍在 Excel 中激活加载项的具体操作步骤。

1 选择【选项】菜单命令

启动 Excel 2019 软件，然后选择【文件】➤【选项】选项。

2 单击【转到】按钮

弹出【Excel 选项】对话框，在左侧列表框中选择【加载项】选项，然后在对话框底部的【管理】下拉列表框中选择【Excel 加载项】选项，单击【转到】按钮。

提示

如果 Excel 显示无法运行此加载项，并提示用户安装该加载项，请单击【是】按钮安装该加载项。

3 弹出对话框

弹出【加载宏】对话框，在【可用加载宏】列表框中选中【分析工具库】和【规划求解加载项】复选框，然后单击【确定】按钮。

4 查看激活效果

返回 Excel 2019 的工作界面，选择【数据】选项卡，可以看到添加的【分析】选项组中包含激活的加载项命令按钮。

14.4.2 安装 Excel 加载项

安装 Excel 加载项分为以下几种情况。

（1）若要安装通常随 Excel 一起安装的加载项（如规划求解加载项或分析工具库），需要运行 Excel 或 Microsoft Office 的安装程序，并选择【更改】选项以安装加载项。重新启动 Excel 之后，加载项会显示在【可用加载项】列表框中。

（2）有些 Excel 加载项位于本地计算机上，可以通过单击【浏览】（在【加载宏】对话框中）按钮找到加载项，单击【确定】按钮以安装和激活这些加载项。

（3）有些 Excel 加载项要求运行安装程序包才能安装，这时需要将该安装程序包下载或复制到计算机上，然后运行它。（安装程序包通常是文件扩展名为".msi"的文件。）

（4）对于不在计算机上的其他加载项，可以从 Internet 上的网站或用户组织中的服务器下载并安装。

14.4.3 停用 Excel 加载项

下面介绍在 Excel 2019 中停用【分析工具库】和【规划求解加载项】加载项的具体操作步骤。

1 单击【转到】按钮

启动 Excel 2019，然后选择【文件】➤【选项】选项，调用【Excel 选项】对话框，在左侧列表框中选择【加载项】选项，然后在对话框底部的【管理】下拉列表中选择

【Excel 加载项】选项，单击【转到】按钮。

2 单击【确定】按钮

弹出【加载宏】对话框，在【可用加载宏】列表框中取消选中【分析工具库】和【规划求解加载项】复选框，然后单击【确定】按钮。

3 查看停用效果

选择【数据】选项卡，可以看到加载项已从功能区中删除。

14.4.4 删除 COM 加载项

删除 COM 加载项的具体操作步骤如下。

1 单击【转到】按钮

启动 Excel 2019，然后选择【文件】▶【选项】选项，调用【Excel 选项】对话框，在左侧列表框中选择【加载项】选项，然后在对话框底部的【管理】下拉列表中选择【COM 加载项】选项，单击【转到】按钮。

提示

以上操作会从内存中删除选择的加载项，但它的名称还会保留在【可用加载项】列表框中，并且不会将它从计算机中删除。若要从【可用加载项】列表框中删除 COM 加载项并将其从计算机中删除，可以在【可用加载项】列表框中单击该加载项的名称，然后单击【删除】按钮。

2 弹出对话框

弹出【COM 加载项】对话框，在【可用加载项】列表框中取消选中要删除的加载项前面的复选框，然后单击【确定】按钮。

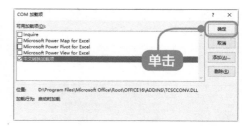

技巧：调用【开发工具】选项卡

默认情况下，Excel 2019 的选项卡中是不包含【开发工具】选项卡的。在使用宏命令时，用户需要先将其调用出来。具体操作步骤如下。

1 选中【开发工具】复选框

在【Excel 选项】对话框中，在【自定义功能区】选项卡下【主选项卡】列表中单击选中【开发工具】复选框，然后单击【确定】按钮。

2 查看效果

返回到 Excel 2019 界面中，可以看到已经添加了【开发工具】选项卡。

第 15 章

Office 的协同办公 ——Excel 与其他组件 的协作应用

本章视频教学时间 / 32 分钟

🎧 **重点导读**

在 Office 系列软件中，Word、Excel 和 PowerPoint 之间相互共享及调用信息是比较常用的。本章学习 Excel 与其他组件之间的协作应用。

📖 **学习效果图**

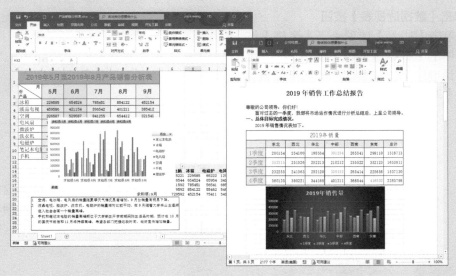

15.1 在 Excel 中调用 Word 文档 ——制作产品销售分析表

本节视频教学时间 / 7 分钟

在 Excel 中可以调用 Word 文档来制作产品销售分析表。

15.1.1 创建数据透视表

在制作产品销售分析表之前先创建数据透视表。

1 打开素材

打开"素材 \ch15\ 产品销售分析表 .xlsx"文件，选择数据区域中的一个单元格。

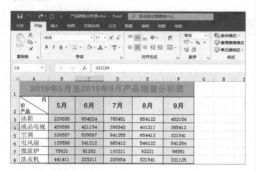

2 单击【数据透视表】按钮

单击【插入】选项卡下【表格】选项组中的【数据透视表】按钮，在弹出的对话框中选择数据区域和图表位置，单击【确定】按钮。

3 设置字段列表

在【选择要添加到报表的字段】任务窗格中，将"月份产品"字段添加到【列】列表框中，将"数值"字段添加到【行】列表框中，将"5月""6月""7月""8月""9月"字段添加到【值】列表框中。

4 完成创建

单击【数据透视表字段】任务窗格右上角的【关闭】按钮，将该任务窗格关闭。

值	列标签										
	笔记本电脑	冰箱	电磁炉	电风扇	空调	手机	微波炉	洗衣机	液晶电视	总计	
求和项:5月	545221	229585	65222	129588	326587	252424	75621	441411	459586	2525245	
求和项:9月	729592	452154	75411	541254	321541	329593	98551	321125	385412	3254633	
求和项:8月	729592	854122	55462	546122	654412	379593	92221	321541	401211	4034276	
求和项:7月	441592	785451	56541	685412	841255	122541	100211	235654	396542	3665199	
求和项:6月	356544	654524	65954	341212	529587	265252	81252	223211	421154	2938690	

15.1.2 创建数据透视图

创建数据透视表之后，可以根据数据透视表建立数据透视图。

1 单击【数据透视图】按钮

选择数据透视表中的任意一个单元格，单击【分析】选项卡下【工具】选项组中的【数据透视图】按钮，弹出【插入图表】对话框，选择柱形图中的任意一种柱形，单击【确定】按钮。

2 选择图表类型

可在当前工作表中插入数据透视图。

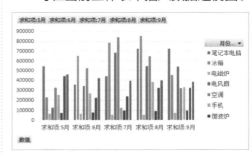

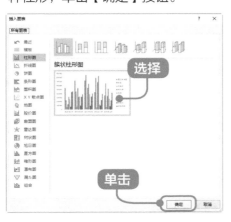

15.1.3 插入 Word 文档

使用 Excel 工作表和 Word 文档协作创建产品销售分析表，在 Excel 工作表创建完成之后，就可以插入 Word 文档对工作表的内容进行分析了。

1. 在 Excel 中创建 Word

可以直接在 Excel 工作表中创建 Word 文档。

1 单击【对象】按钮

单击【插入】选项卡下【文本】选项组中的【对象】按钮。

2 选择【Microsoft Word Document】选项

弹出【对象】对话框，在【对象类型】列表框中选择【Microsoft Word Document】选项，单击【确定】按钮。

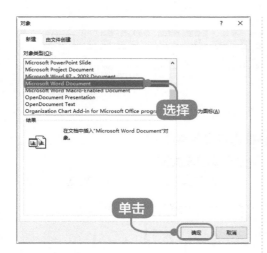

3 完成工作表的插入

工作表中出现 Word 文档文本框，同时当前窗口最上方的功能区显示 Word 软件的功能区，在文档中可以输入所需要的文本。

2. 在 Excel 中调用 Word 文档

可以直接在 Excel 中调用已有的 Word 文档。

1 单击【对象】按钮

选择要插入的位置，单击【插入】选项卡下【文本】选项组中的【对象】按钮，弹出【对象】对话框，选择【由文件创建】选项卡，单击【浏览】按钮。

2 单击【插入】按钮

在弹出的【浏览】对话框中选择"素材 \ch15\ 产品销售情况分析 .docx"文件，然后单击【插入】按钮。

3 插入工作表

返回【对象】对话框，即可看到插入对象的链接地址，单击【确定】按钮。

4 完成工作表的调用

此时，即可将选择的文档插入到 Excel 中。插入 Word 文档以后，可以通过工作表四周的控制点调整工作表的位置及大小。

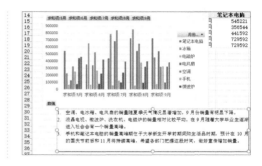

15.2 在 Word 中调用 Excel 工作表——制作年度总结报告

本节视频教学时间 /16 分钟

在 Word 中可以直接创建 Excel 工作表来制作公司年度总结报告，这样可以避免在两个软件中反复切换。

15.2.1 设计公司年度总结报告内容

在使用 Word 和 Excel 协作制作公司年度总结报告之前，先新建一个 Word 文档。

1 新建 Word 文档

打开 Word 2019 软件，即可新建一个 Word 文档。

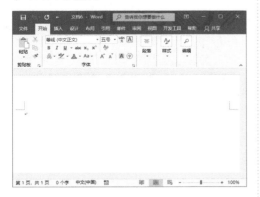

2 输入内容

在文档中输入如下内容，并且设置格式，如下图所示。

2019 年销售工作总结报告

尊敬的公司领导：你们好！

面对过去的一季度，我部将市场运作情况进行分析总结后，上呈公司领导。

一、总体目标完成情况：

2019 年销售情况表如下。

3 打开【另存为】对话框

选择【文件】选项卡，在弹出的界面中选择左侧列表中的【另存为】选项，进入【另存为】界面，选择【这台电脑】➤【浏览】选项。

④ 选择文件保存的位置

弹出【另存为】对话框，选择文件保存的位置，并在【文件名】文本框中输入"公司年度总结报告.docx"，单击【保存】按钮。

15.2.2 调用 Excel 工作表

使用 Excel 协同 Word 办公，需要在 Word 中调用 Excel 工作表。

1. 在 Word 中创建 Excel 工作表

可以直接在 Word 中创建 Excel 工作表。

① 单击【对象】按钮

单击【插入】选项卡下【文本】选项组中的【对象】按钮，弹出【对象】对话框，在【对象类型】列表框中选择【Microsoft Excel Worksheet】选项。

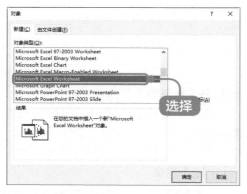

② 完成工作表的插入

单击【确定】按钮，文档中出现

Excel 工作表的状态，同时当前窗口最上方的功能区显示 Excel 软件的功能区，在工作表中可以输入所需要的数据并对数据进行处理。

2. 在 Word 中调用 Excel 工作表

可以直接在 Word 中调用已有的 Excel 工作表。

① 单击【对象】按钮

选择要插入的位置，单击【插入】选项卡下【文本】选项组中的【对象】按钮，弹出【对象】对话框，选择【由文件创建】选项卡，单击【浏览】按钮。

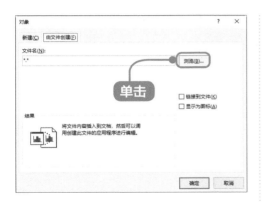

按钮，即可将 Excel 工作表插入 Word 文档中。

2 选择文件位置

在弹出的【浏览】对话框中选择"素材 \ch15\2019 年销量 .xlsx"文件，然后单击【插入】按钮。

3 插入工作表

返回【对象】对话框，单击【确定】

15.2.3 计算销售总量

在 Word 中插入 Excel 工作表之后，还可以对工作表进行编辑。

1 打开 Excel 功能区

双击插入的 Excel 工作表，打开 Excel 功能区，使工作表处于可编辑的状态。

4 完成工作表调用

插入 Excel 工作表以后，可以通过工作表四周的控制点调整工作表的位置及大小。

2 选择函数

选择 H3 单元格，单击【插入函数】按钮，弹出【插入函数】对话框，在【选择函数】列表框中选择求和函数"SUM"，单击【确定】按钮。

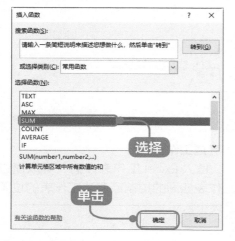

3 设置参数

在打开的【函数参数】对话框中设置【Number1】的值为"B3:G3"，也可以通过单击右侧的 ⬆ 按钮进行设置，单击【确定】按钮。

4 计算总量并填充单元格

可在 H3 单元格中计算出 1 季度 的销售总量，并将计算结果填充至 H4:H6 单元格。

提示

在 Word 中编辑 Excel 的操作和只使用 Excel 进行数据处理的操作是相同的。

15.2.4 插入图表

计算数据之后，在 Word 中插入图表可以使数据更具有说服力，也可以使制作的年度总结报告文档更加美观。

📢提示

在插入图表时，可以拖曳工作表四周的控制点来调整文本框的大小。

1 选择单元格区域

将鼠标指针定位在文本框的右下角，拖曳文本框至合适的大小，选择 A2:G6 单元格区域。

2 选择【簇状柱形图】选项

单击【插入】选项卡下【图表】选项组中的【查看所有图表】按钮，打开【插入图表】对话框。选择【簇状柱形图】选项。

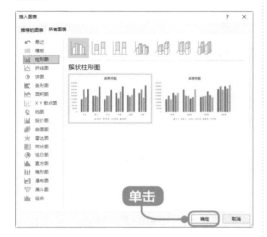

3 完成图表插入

单击【确定】按钮，即可将图表插入文档中。

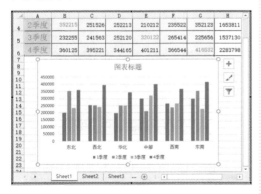

4 选择艺术字样式

单击"图表标题"并输入"2019 年销售量"。选中输入的标题，单击【格式】选项卡【艺术字样式】选项组中的【其他】按钮，在弹出的下拉列表中选择一种艺术字样式，即可为标题应用艺术字样式。

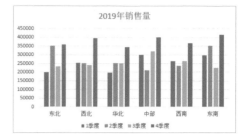

5 单击【形状填充】按钮

选中标题文本框，单击【格式】选项卡下【形状样式】选项组中的【形状填充】按钮，在弹出的下拉列表中选择一种形状填充样式。

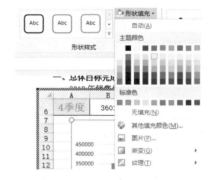

6 选择图表样式

单击【设计】选项卡下【图表样式】选项组中的【其他】按钮，在弹出的下拉列表中选择一种图表样式。

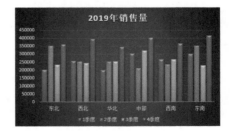

7 查看效果

设置完成，在 Word 文档的任意空白位置处单击，即可查看最终插入 Excel 工作表后的效果。

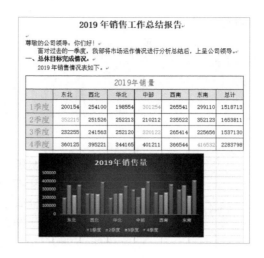

15.2.5 输入年度总结报告内容并设置格式

添加 Excel 工作表之后，可以继续完成年度总结报告的其他内容并设置文档格式。

1 打开素材

打开"素材 \ch15\ 总结报告（后）.docx"文件，将其内容复制到文档中。

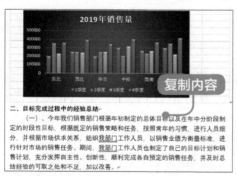

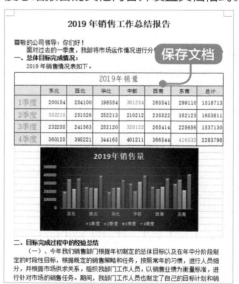

2 设置文本段落样式后保存文档

设置文本段落样式后保存文档。

15.3 在 Excel 中调用 PPT 文稿——调用圣诞节卡片 PPT

本节视频教学时间 /3 分钟

在 Excel 中可以直接调用 PPT 演示文稿。

1 单击【预览】按钮

在打开的 Excel 工作表中单击【插入】选项卡下【文本】选项组中的【对象】按钮，弹出【对象】对话框，选择【由文件创建】选项卡，单击【预览】按钮。

2 单击【插入】按钮

弹出【浏览】对话框，选择要插入的文件，这里选择"素材 \ch15\ 圣诞节卡片 .pptx"文件，单击【插入】按钮。

3 单击【确定】按钮

返回【对象】对话框，单击【确定】按钮。

4 查看效果

可将幻灯片插入到 Excel 工作表中。

> 📢 **提示**
> 双击插入的幻灯片，即可开始放映幻灯片。

> 📢 **提示**
> 如果要调用单张幻灯片，可以先复制要调用的幻灯片，然后单击【开始】选项卡下【剪贴板】选项组中的【粘贴】按钮，在弹出的下拉列表中选择【选择性粘贴】选项，弹出【选择性粘贴】对话框，选择【Microsoft PowerPoint 幻灯片 对象】选项，然后单击【确定】按钮。

技巧 1：在 PowerPoint 中调用 Excel 工作表

用户可以将在 Excel 软件中制作的工作表调用到 PowerPoint 软件中放映，这样可以为讲解省去很多麻烦。具体的操作步骤如下。

1 单击【对象】按钮

在打开的演示文稿中，选择【插入】选项卡下【文本】选项组中的【对象】按钮□，弹出【插入对象】对话框，选择【新建】选项，在【对象类型】列表中选择【Microsoft Excel Worksheet】选项，然后单击【确定】按钮。

2 插入 Excel 工作表

返回到演示文稿界面，即可看到插入的 Excel 工作表。在工作表中双击即可进入编辑状态。

3 选择文件

重新调出【插入对象】对话框，选择【由文件创建】选项，单击【浏览】按钮，选择"素材 \ch15\考勤卡 .xlsx"，然后单击【确定】按钮。

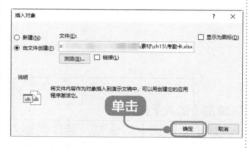

4 查看效果

返回到演示文稿中，即可看到插入的工作表。

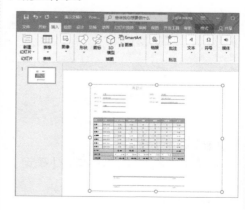

技巧 2：在 Excel 中调用 Access 数据

在 Excel 中调用 Access 数据，可以实现数据的快速转换，从而提高办公效率。

1 选择【自 Access】选项

启动 Excel 2019 软件，创建空白工作簿。单击【数据】选项卡下【获取和转换数据】选项组中的【获取数据】下拉按钮，在弹出的下拉列表中选择【自数据库】➤【从 Microsoft Access 数据库】选项。

2 单击【导入】按钮

弹出【导入数据】对话框，选择要导入的文件，这里选择"素材\ch15\通讯录.accdb"文件，单击【导入】按钮。

3 选择【通讯录】选项

弹出【导航器】对话框，在左侧列表中选择【通讯录】选项，即可在右侧区域中显示预览效果。

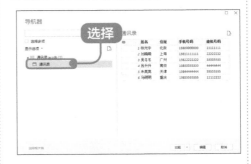

4 选择【加载到】选项

在【导航器】对话框的右下角单击【加载】下拉按钮，在弹出的下拉列表中选择【加载到】选项。

5 单击【确定】按钮

弹出【导入数据】对话框，在【数据的放置位置】选项区域中选中【现有工作表】单选项，选择要放置的位置，单击【确定】按钮。

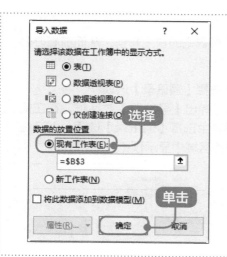

6 查看效果

此时，即可将 Access 数据库中的数据导入 Excel 工作簿中。

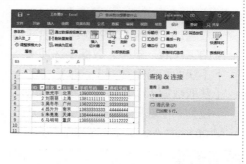

第 16 章

Office 跨平台应用——使用手机移动办公

 重点导读

掌握将办公文件传入到移动设备中的方法，学会使用不同的移动设备协助办公。

学习效果图

16.1 第一时间收到客户邮件

本节视频教学时间 / 5 分钟

在移动办公中，邮件是办公中最常用的沟通工具，通过电子邮件可以发送文字信件，还可以以附件的形式发送文档、图片、声音等多种类型的文件，也可以接收并查看其他用户发送的邮件，本节以 QQ 为例介绍在手机中配置邮箱和设置邮箱的操作方法。

1. 添加邮箱账户

在手机中，用户可以添加多个邮箱账户，具体操作步骤如下。

1 选择【QQ 邮箱】选项

首先下载 QQ 邮箱，并打开 QQ 邮箱，进入【添加账户】界面。选择要添加的邮箱类型，这里选择【QQ 邮箱】选项。

提示

单击【账号密码登录】链接，可以使用其他的 QQ 账号和密码登录邮箱，如下图所示，输入账号和密码，单击【登录】按钮。

2 单击【手机 QQ 授权登录】按钮

进入【QQ 邮箱】界面，单击【手机 QQ 授权登录】按钮，可以直接使用手机正在使用的 QQ 账户对应的邮箱。

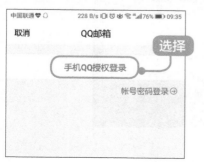

3 单击【登录】按钮

系统即可自动识别手机正在使用的 QQ 账号和密码，单击【登录】按钮。

4 选择【设置】选项

在弹出的界面中单击【完成】按钮，即可进入邮箱主界面。如果要同时添加多个邮箱账户，可以单击邮箱主界面右上角的 ⋮ 按钮，在弹出的下拉列表中选择【设置】选项。

5 单击【添加账户】按钮

进入【设置】界面，单击【添加账户】按钮。

6 选择【Outlook】选项

进入【添加账户】界面，选择要添加的账户类型，这里选择【Outlook】选项。

7 单击【登录】按钮

进入【Outlook】界面，输入 Outlook 的账户和密码，单击【登录】按钮。

8 单击【完成】按钮

登录成功后，可根据需要设置头像和昵称，设置完成后单击【完成】按钮。

9 查看效果

此时，即可同时登录两个不同类型的邮箱账户，实现同时管理多个邮箱的操作。

2. 设置邮箱主账户

如果添加了多个邮箱，默认情况下第一次添加的邮箱为主账户邮箱，用户也可以根据需要将其他邮箱设置为主账户邮箱。设置主账户邮箱的具体操作步骤如下。

1 进入【设置】界面

接着上面的内容继续操作，在【邮箱】界面中单击右上角的 ⋮ 按钮，在弹出的下拉列表中选择【设置】选项，进入【设置】界面，在要设置为主账户的邮箱上单击。

2 单击【设为主账户】按钮

进入该账户邮箱界面，单击【设为主账户】按钮，即可将该账户设置为主账户。

> **提示**
>
> 如果要删除邮箱账户，可以在该界面中单击【删除账户】按钮。

16.2 及时妥当地回复邮件

本节视频教学时间 / 3 分钟

邮箱配置成功后，就可以编辑并发送邮件了，邮件的编辑和发送步骤简单，这里不再介绍，本节主要以 Outlook 邮箱为例，介绍当收到他人发送的邮件时，如何进行查看并回复邮件。其具体的操作步骤如下。

1 选择【Outlook 的收件箱】选项

进入【邮箱】界面后，可以看到在对应的邮箱账户后面，显示接收到的邮件数量，选择要查看的邮箱，这里选择【Outlook 的收件箱】选项。

2 单击要查看的邮件

此时，即可看到接收到的邮件，单击要查看的邮件。

3 在附件上单击

在打开的界面中即可显示邮件的详细信息。附件内容将会显示在最下方，如果要查看附件内容，可以直接在附件上单击。

4 查看附件内容

单击附件即可打开该附件，用户可以选用常用的 Office 应用打开并编辑文档内容。

6 单击【回复】按钮

在弹出的界面中单击【回复】按钮。

5 单击底部的 ↰ 按钮

返回邮件信息界面，如果要回复邮件，可以单击底部的 ↰ 按钮。

7 单击【发送】按钮

进入【回复邮件】界面，输入要回复的内容，单击【发送】按钮。

16.3 邮件抄送暗含的玄机

本节视频教学时间 / 2 分钟

收到邮件后，如果需要将邮件发送给其他人，可以使用转发邮件功能，具体操作步骤如下。

1 单击【转发】按钮

在收到邮件后，进入查看邮件界面，单击底部的按钮 ◀ ，在弹出的界面中单击【转发】按钮。

2 输入收件人地址

进入【转发】界面，在【收件人】栏中输入收件人的地址。

3 单击【发送】按钮

在【抄送 / 密送】处单击，在【抄送】栏中输入主管的邮件地址，单击【发送】按钮，即可在将该邮件转发给收件人的同时，又能抄送给主管。

16.4 编辑 Word/Excel/PPT 附件这样做

本节视频教学时间 / 10 分钟

微软推出了支持 Android 手机、iPhone、iPad 以及 Windows Phone 上运行的 Microsoft Office Mobile 软件，以及 Microsoft Word、Microsoft Excel 和 Microsoft PowerPoint 等各个组件，用户只需要安装"Microsoft Office Mobile"软件，就可以查看并编辑 Word 文档、Excel 表格和 PPT 演示文稿。本节以支持 Android 手机的 Microsoft Office Mobile 为例，介绍如何在手机上修改 Word 文档、制作销售报表以及制作 PPT。

1. 使用移动设备修改文档

■1 打开素材

下载并安装 Microsoft Office Mobile 软件。将"素材 \ch16\ 工作报告 .docx"文档存入电脑的 OneDrive 文件夹中，同步完成后，在手机中使用同一账号登录 Microsoft Office Mobile，在【最近】列表中即可看到上传的文档，找到"工作报告"文档并单击，即可使用 Microsoft Office Mobile 打开该文档。

2 单击【倾斜】按钮

打开文档，单击界面上方的圆按钮，全屏显示文档，然后单击【编辑】按钮
，进入文档编辑状态，选择标题文本，单击【开始】面板中的【倾斜】按钮，使标题以斜体显示。

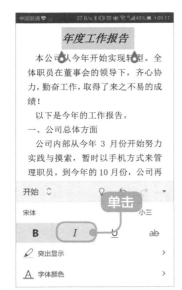

3 添加底纹

单击【突出显示】按钮，可自动为

标题添加底纹，突出显示标题。

4 单击【表格】按钮

单击【开始】面板，在打开的列表中选择【插入】选项，切换至【插入】面板。此外，用户还可以打开【布局】【审阅】以及【视图】面板进行操作。进入【插入】面板后，选择要插入表格的位置，单击【表格】按钮。

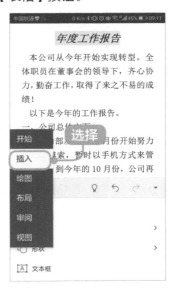

的【表格样式】列表中选择一种表格样式。

5 输入表格内容

完成表格的插入，单击 ▼ 按钮，隐藏【插入】面板，选择插入的表格，在弹出的输入面板中输入表格内容。

6 选择表格样式

再次单击【编辑】按钮 ，进入编辑状态，选择【表格样式】选项，在弹出

7 查看效果

此时，即可看到设置表格样式后的效果，此时，文档已自动保存，完成文档的修改。

8 返回"页面视图"

再次单击界面上方的 ▤ 按钮,即可返回"页面视图",效果如下图所示。

2. 使用移动设备制作销售报表

1 单击【插入函数】按钮

将"素材 \ch16\ 销售报表 .xlsx"文档存入电脑的 OneDrive 文件夹中,同步完成后,在手机中使用同一账号登

录并打开 OneDrive,单击"销售报表 .xlsx"文档,即可使用 Microsoft Excel 打开该工作簿,选择 D3 单元格,单击【插入函数】按钮 fx,输入"=",然后将选择函数面板折叠。

2 按【C3】单元格

按【B3】单元格,并输入"*",然后再按【C3】单元格,单击 ✓ 按钮,即可得出计算结果。使用同样的方法计算其他单元格中的结果。

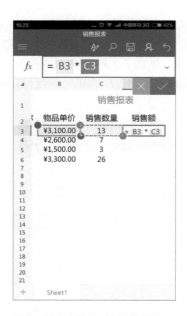

3 单击【编辑】按钮

选中 E3 单元格，单击【编辑】按钮 ，在打开的面板中选择【公式】面板，选择【自动求和】公式，并选择要计算的单元格区域，单击 ✓ 按钮，即可得出总销售额。

4 插入图表

选择任意一个单元格，单击【编辑】按钮 。在底部弹出的功能区选择【插入】▶【图表】▶【柱形图】按钮，选择插入的图表类型和样式，即可插入图表。

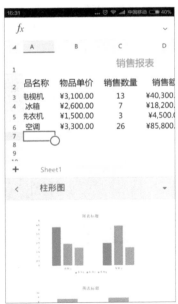

5 调整图表位置和大小

　　插入的图表如下图所示，用户可以根据需求调整图表的位置和大小。

3. 使用移动设备制作 PPT

1 选择【PowerPoint】选项

　　打 开 Microsoft Office Mobile 软件，进入主界面，单击【新建】按钮，在弹出的下拉列表中选择【PowerPoint】选项。

2 选择【主要事件】选项

　　进入【新建】界面，可以根据需要创建空白演示文稿，也可以选择下方的模板创建新演示文稿。这里选择【主要事件】选项。

3 单击【编辑】按钮

此时，即可开始下载模板，下载完成，将自动创建一个空白演示文稿，单击空白演示文稿，在弹出的快捷菜单中，单击【编辑】 ✎ 按钮。

4 输入标题

此时，即可进入演示文稿的编辑状态，双击标题文本框，输入标题"销售报告"。

5 单击【返回】按钮

使用同样的方法，输入副标题"销售一部"。然后单击界面左上角的【返回】按钮 ← 。

6 双击新建的幻灯片

在此界面中单击右上角的【新建】按钮 ➕ ，即可新建一张空白幻灯片。双击新建的幻灯片。

7 选择【删除】选项

　　进入编辑状态，单击标题文本框，在弹出的快捷菜单中选择【删除】选项。

8 单击【图片】按钮

　　此时即可将文本框删除，使用同样的方法删除副标题文本框。然后单击底部的【图片】按钮。

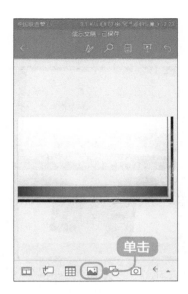

9 单击【返回】按钮

　　在弹出的界面中选择要插入的图片，即可完成图片的插入。然后单击底部的按钮，设置图片的样式，设置完成后的效果如下图所示。单击【返回】按钮。

10 单击【菜单】按钮

　　此时，即可看到制作的演示文稿。单击界面左上角的【菜单】按钮。

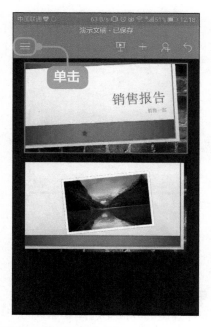

11 选择【保存】选项

在弹出的界面左侧列表中选择【保存】选项。

12 选择【重命名此文件】选项

进入【保存】界面，选择【重命名

此文件】选项。

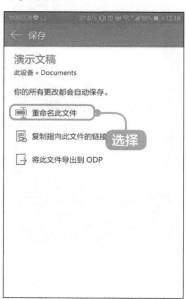

13 输入文件名称

输入文件的名称，然后单击空白处，退出编辑状态，即可完成演示文稿的保存。

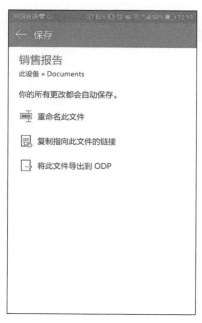

16.5 使用手机高效地进行时间管理

本节视频教学时间 / 3 分钟

在手机中可以建立工作任务清单，并设置提醒时间，这样能够在有限的时间里合理安排工作任务，提高工作效率。本节就以"印象笔记"为例，来介绍如何进行时间的管理。

1 单击【菜单】按钮

首先下载并安装"印象笔记"软件，注册账户，进入【所有笔记】界面，单击界面左上角的【菜单】按钮。

2 选择【笔记本】选项

在弹出的界面左侧列表中选择【笔记本】选项。

3 单击【新建】按钮

进入【笔记本】界面，单击界面右上角的【新建】按钮。

4 单击【好】按钮

弹出【新建笔记本】界面，输入名称，单击【好】按钮。

5 选择【文字笔记】选项

新建一个笔记本，然后单击界面右下角的 ➕ 按钮，在弹出的快捷菜单中选择【文字笔记】选项。

6 单击【完成】按钮

在进入的界面中根据需要输入笔记标题和内容，输入完成后，单击左上角的【完成】✔ 按钮，即可完成笔记的创建。

7 设置提醒

单击手机上的返回键，即可看到创建的笔记，此时还可以为笔记设置提醒时间，在要设置提醒时间的笔记上单击。

8 选择【设置日期】选项

在弹出的界面中单击 ⏰ 按钮，在弹出的下拉列表中选择【设置日期】选项。

⑨ 单击【保存】按钮

在弹出的界面中设置日期和时间，设置完成后单击【保存】按钮。

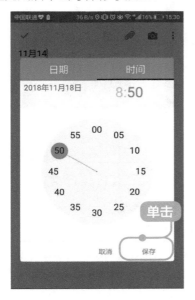

⑩ 查看效果

完成时间的提醒设置后，使用同样的方法创建多条任务，效果如下图所示。

 高手私房菜

技巧 1：使用邮箱发送办公文档

使用手机，平板电脑可以将编辑好的文档发送给领导或者好友，这里以使用手机发送 PowerPoint 演示文稿为例进行介绍。

① 单击【菜单】按钮

演示文稿制作完成后，单击界面左上角的【菜单】 按钮。

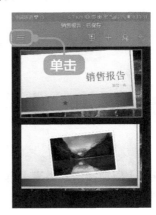

2 选择【共享】选项

在弹出的界面左侧列表中选择【共享】选项。

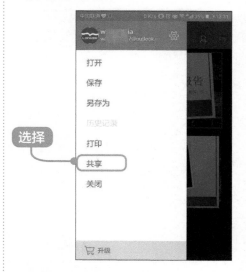

3 单击【OneDrive-个人】按钮

在弹出的【共享】界面中单击【OneDrive-个人】按钮。

4 选择【以链接形式共享】选项

在进入的界面中选择【以链接形式共享】选项。

5 选择【"编辑"链接】选项

进入【以链接形式共享】界面，选择【"编辑"链接】选项。

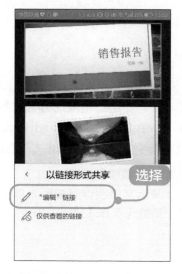

6 选择【发送给好友】选项

在弹出的链接形式列表中选择【发送给好友】选项。

⑦ 单击【发送】按钮

在打开的 QQ 界面中选择要共享的好友，弹出【发送给】界面，单击【发送】按钮，即可完成演示文稿的发送。

技巧 2：使用语音输入提高手机上的打字效率

在手机中输入文字既可以打字输入，也可以手写输入，但通常打字较慢，使用语音输入可以提高在手机上输入文字的效率。下面以搜狗输入法为例，介绍语音输入的方法。

① 新建空白备忘录

在手机中打开备忘录，创建一个空白备忘录界面。

② 进行语音输入

在输入法面板上长按【Space】键，出现【倾听中，松手结束】面板后即可进行语音输入。

3 单击【普】按钮

输入完成后，面板中会显示输入的文字，如下图所示。单击【普】按钮。

4 根据需要选择语种

单击【普】按钮后，打开【语种选择】面板，用户可根据需要进行选择。